全国高等职业学校机械类专业

数控铣床/加工中心加工工艺与编程（第二版）习题册

孙春花　主编

中国劳动社会保障出版社

简　介

本习题册与全国高等职业学校机械类专业教材《数控铣床/加工中心加工工艺与编程（第二版）》配套使用。习题册内容紧扣教材的能力目标要求，既注重基础知识的巩固，又强调基本能力的培养。题型全面，题量充足；作业练习、综合测试与模拟试卷相互衔接，有助于学生复习巩固所学知识。

本习题册由孙春花任主编，薛龙、谢尧、邵明玲参加编写，金涛任主审。

图书在版编目(CIP)数据

数控铣床/加工中心加工工艺与编程（第二版）习题册/孙春花主编. -- 北京：中国劳动社会保障出版社，2023

全国高等职业学校机械类专业

ISBN 978-7-5167-5820-5

Ⅰ.①数…　Ⅱ.①孙…　Ⅲ.①数控机床-铣床-程序设计-高等职业教育-习题集②数控机床-铣床-加工工艺-高等职业教育-习题集③数控机床加工中心-程序设计-高等职业教育-习题集④数控机床加工中心-加工工艺-高等职业教育-习题集　Ⅳ.①TG547-44②TG659-44

中国国家版本馆 CIP 数据核字(2023)第 148840 号

中国劳动社会保障出版社出版发行

（北京市惠新东街 1 号　邮政编码：100029）

*

三河市华骏印务包装有限公司印刷装订　　新华书店经销

787 毫米×1092 毫米　16 开本　8.75 印张　206 千字

2023 年 9 月第 1 版　　2023 年 9 月第 1 次印刷

定价：18.00 元

营销中心电话：400-606-6496

出版社网址：http://www.class.com.cn

http://jg.class.com.cn

目　录

模块一　数控机床编程与操作基础

任务一　认识数控机床及其操作面板

一、填空题（将正确答案填写在横线上）

1. 加工中心是指带有____________和____________________________的数控机床。

2. 数控线切割机床往往采用____________、____________等作为电极丝。

3. 用于完成________________或________________加工的数控机床称为数控铣床。

4. 模式按钮一般进行____________________，例如在____________模式下，机床可自动执行程序。

5. 解释各按钮的含义：EDIT 表示______________、HANDLE 表示__________________、____________表示在线加工。

二、选择题（将正确答案的代号填写在括号内）

1. 数控机床是采用（　　）进行控制的机床。

A. 数控技术　　B. 模拟技术　　C. 计算机　　D. 可编程控制器

2. 数控机床由机床主体、数控系统、（　　）三大部分构成。

A. 工作台　　B. 伺服电动机　　C. 伺服系统　　D. 换刀装置

3. 将手轮倍率开关置于“×100”挡，手轮旋转 360°刀具移动的距离为（　　）mm。

A. 0.1　　B. 1　　C. 10　　D. 100

4. 计算机数控用（　　）表示。

A. CAD　　B. CAM　　C. ATC　　D. CNC

5. CIMS 表示（　　）。

A. 柔性制造单元　　B. 柔性制造系统

C. 计算机集成制造系统　　D. 计算机辅助工艺规程设计

6. 手动返回参考点须在（　　）方式下进行。

A. MDI　　B. REF　　C. JOG　　D. AUTO

三、判断题（正确的打“√”，错误的打“×”）

1. 通常情况下，将数控车削中心归类为数控加工中心。（　　）

2. 通常情况下，电脉冲机床也指电火花成形机床。（　　）

3. 在数控系统中，常用的 ISO 代码称为奇数代码。（　　）

4. 保证数控机床各运动部件间的良好润滑就能提高机床使用寿命。（　　）

5. 数控机床具有良好的抗干扰能力，电网电压波动不会对其产生影响。 （ ）

四、简答题

1. 试述数控机床的工作原理。

2. 列出目前我国常用的数控系统及其型号。

3. 试述数控机床的种类。

任务二　数控机床的手动操作

一、填空题（将正确答案填写在横线上）

1. 找出工件坐标系在机床坐标系中位置的过程称为____________。

2. 在右手直角笛卡儿坐标系中，拇指指向____________________方向，食指指向________________方向，中指指向________________方向。

3. 加工中心常用对刀仪器有____________________、____________________、____________________和____________________。

4. ________________称为标准坐标系，一般规定与______________________________平行的坐标轴为 Z 坐标轴。

5. 机床坐标系中，旋转运动 B 表示其轴线平行于________坐标轴的旋转运动。

6. 机床开机返回参考点后，若机床显示的机床坐标系的值不为零，则表示____。

二、选择题（将正确答案的代号填写在括号内）

1. 机床坐标系建立后，在（　　）情况下需重新返回参考点。

A. 数控系统掉电　　B. 程序运行中按下复位按钮

C. 程序运行中按下进给保持按钮　　D. 切断机床电源前

2. 下列装置中，不属于数控系统的装置的是（　　）。

A. 伺服驱动装置　　B. 输入/输出装置

C. 数控装置　　D. 自动换刀装置

3. 数控机床的旋转轴之一 A 轴是指绕（　　）旋转的轴。

A. X 轴　　B. Y 轴　　C. Z 轴　　D. W 轴

4. 为了保障人身安全，在正常情况下，电气设备的安全电压规定为（　　）V。

A. 42　　B. 24　　C. 12　　D. 36

5. 数控机床上的（　　）到机床原点在进给轴方向上的距离可以在机床出厂时设定。

A. 工件零位　　B. 机床零位

C. 机床参考点　　D. 加工原点

6. 在增量进给方式下，要将工作台向 X 轴正向移动 0.1 mm，若增量步长选“×10”挡，则要按下“+X”方向移动按钮（　　）次。

A. 1　　B. 10　　C. 100　　D. 1 000

三、判断题（正确的打“√”，错误的打“×”）

1. 在确定机床坐标系的方向时规定：永远假定刀具相对于静止的工件运动。（　　）

2. 开机回参考点的目的是建立工件坐标系。（　　）

3. 利用零点偏置设定的工件坐标系，即使机床关机仍存在。（　　）

4. 在空运行期间，机床的主轴转速不受程序输入的主轴转速影响。（　　）

5. 数控装置内落入了灰尘或金属粉末，则容易造成元器件间绝缘电阻下降，从而导致故障出现和元件损坏。（　　）

6. 数控机床的坐标系规定与普通机床相同，均是由左手笛卡儿坐标系确定。（　　）

四、简答题

1. 若机床出现超行程报警，应如何使机床恢复正常工作？

2. 试述操作机床时的注意事项。

五、计算题

1. 写出图 1－1 中点 $A \sim F$ 在 XY 平面内的坐标值。

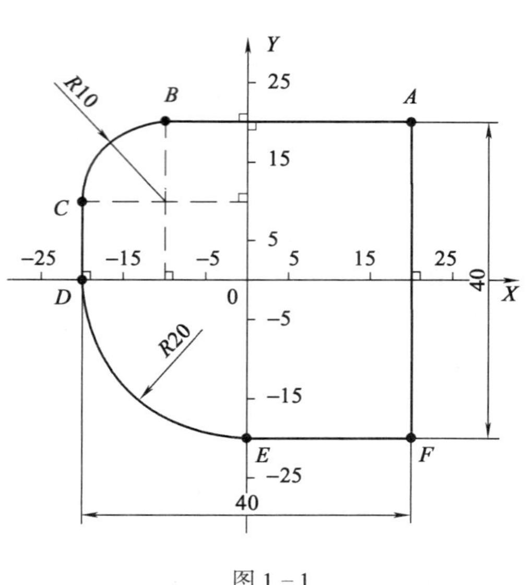

图 1－1

2. 采用手动切削方式加工如图1－2所示零件中的矩形槽，槽深5 mm，试选择合适的刀具直径，并根据图中给出的工件坐标系位置计算出点 $A \sim D$ 在 XY 平面内的坐标值。

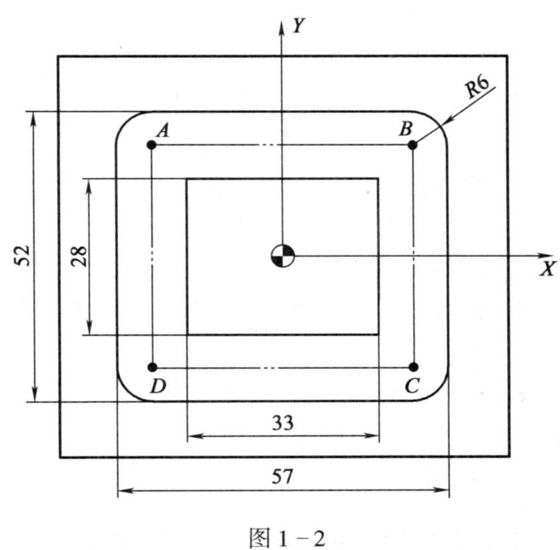

图1－2

任务三　数控程序输入与编辑

一、填空题（将正确答案填写在横线上）

1. 数控编程可分为____________和____________两种。

2. 采用CAD/CAM软件自动编程与加工的过程为：图样分析、__________、____________、____________、程序校验、程序传输并进行加工。

3. 利用T4位数法指定刀具功能时，“T0104”表示选择______刀具及选用______刀具补偿存储器中的补偿值。

4. 在程序中一经指定即能保持持续有效的指令称为______________，仅在编入程序段有效的指令称为______________。

5. 在程序段的前面编有“____”符号时，机床在执行程序时，程序段可跳跃。

6. 一个完整的程序段主要包括准备功能字、______________、______________、主轴功能字、______________、______________等。

二、选择题（将正确答案的代号填写在括号内）

1. 要求数控铣床工作台沿 Y 轴每分钟进给100 mm，可通过（　　）指令来指定。

A. G94　G01　Y10.0　F100；　　　B. G95　G01　Y10.0　F100；

C. G96 G01 Y10.0 F100;　　D. G97 G01 Y10.0 F100;

2. 下列属于同组指令的是（　　）。

A. G21、G22　　B. G19、G20

C. G90、G91　　D. G03、G04

3. 在以下 G 代码中，属于开机默认代码的是(　　)。

A. G17　　B. G18　　C. G19　　D. G20

4. 机床操作面板上用于程序字更改的键是（　　）。

A. INSERT　　B. ALTER

C. DELETE　　D. EOB

5. FANUC 系统书写程序号时，采用（　　）为地址符，其后跟四位数字。

A. M　　B. O　　C. /　　D. EOB

6. SIEMENS 系统中，常采用 M17 或字符 RET 作为子程序结束符；在 FANUC 系统中，用（　　）作为子程序的结束标记。

A. M98　　B. G18　　C. G99　　D. M99

三、判断题（正确的打“√”，错误的打“×”）

1. 自动编程的优点是效率高、程序正确性好。（　　）

2. 自动编程方式适合于批量较大、形状较简单零件的编程与加工。（　　）

3. 可以作为程序结束标记的 M 指令有 M02 和 M03。（　　）

4. 程序段的执行先后次序与程序段号大小无关。（　　）

5. 在 FANUC 系统中，程序注释一般放在程序段的最后，即在程序段结束符前。（　　）

6. 若刀具号与刀具补偿存储器号不一致，则程序不能正常运行。（　　）

四、简答题

1. 试说明数控编程的内容与步骤。

2. 如何在数控机床上进行程序的新建、调用及删除？

五、计算题

铣削加工某一工件外轮廓特征，已知采用 ϕ10 mm 高速钢立铣刀进行铣削，要求加工线速度 v_c 控制在 20 m/min，求主轴转速 n。

综合测试一

一、填空题（将正确答案填写在横线上）

1. 数控机床是指采用____________________进行控制的机床。根据数控机床主轴的方向，数控机床可分成________________和________________。

2. 常用的数控系统有____________、____________、____________、____________和____________等。

3. 机床主体部分主要由床身、____________、____________、____________、刀库和换刀装置等组成。

4. 写出下列 MDI 键的用途：“ALTER”________________________________，“INPUT”____，“PROG”____，“RESET”________________________________。

5. 对于工件运动而刀具不动的机床，在确定机床坐标系的方向时规定：____。

6. 在数控机床显示机床位置画面中有三个坐标系存在，即____、____________________________________和____。

7. 数控编程的步骤为：分析零件图样、确定加工工艺、____________________、________________________、________________________和程序校验。

8. 常用的控制介质有纸带、____________、____________________________和______________等。

9. 指令 G97 S1 000 表示________________________________，G95 F0.11 表示____。

10. 一般在钻、镗、铣加工中，钻入或镗入工件的方向为________轴的________方向。

二、选择题（将正确答案的代号填写在括号内）

1. FMS 是指（　　）。

　A. 柔性制造系统　　B. 计算机辅助设计

　C. 计算机集成制造系统　　D. 柔性制造单元

2. 在编辑模式下，光标处于 N10 程序段，键入地址 N200 后按下“DELETE”键，则将删除（　　）程序段。

　A. N10　　B. N200　　C. N10 ~ N200　　D. N200 之后

3. FANUC 0i 系列加工中心，当“BLOCK DELETE”开关按下时，机床执行程序过程中会出现(　　)的情况。

　A. 程序暂停　　B. 程序斜杠跳跃

　C. 机床空运行　　D. 机床锁住

4. 如果将增量步长设为“×10”挡，要使主轴移动 20 mm，则手摇脉冲发生器要转过（　　）圈。

A. 0.2　　B. 2　　C. 20　　D. 200

5. “G00 G01 G02 G03 X100.0…;”该指令中实际有效的 G 代码是（　　）。

A. G00　　B. G01　　C. G02　　D. G03

6. 在加工中心上采用偏心式寻边器对刀，主轴合适的转速为（　　）r/min。

A. 1 100 ~ 1 200　　B. 600 ~ 700　　C. 100 ~ 200　　D. 30 ~ 50

7. 数控机床的 *C* 轴转向是指绕（　　）轴旋转的方向。

A. *X*　　B. *Y*　　C. *Z*　　D. *U*

8. 通常将数控车削中心归类为（　　）。

A. 数控车床　　B. 数控铣床　　C. 加工中心　　D. 数控镗床

9. 自动编程比较适合（　　）零件加工。

A. 形状简单　　B. 曲面　　C. 计算方便　　D. 生产批量较大

10. FANUC 系统常采用（　　）指令来结束程序。

A. M17　　B. M98　　C. M03　　D. M30

三、判断题（正确的打“√”，错误的打“×”）

1. 在编辑过程中出现“NOT READY”报警，多数原因是紧急停止按钮起了作用。（　　）
2. 数控机床的核心装置是数控装置。（　　）
3. 用指令 F 指定进给速度时，F100 与 F100.0 指定的速度不一样。（　　）
4. 伺服系统是数控装置与机床本体间的电传动联系环节，也是数控系统的执行部分。（　　）
5. 通常所说的回零操作是指使机床回机械零位的操作。（　　）
6. 发生撞机事故时，先要关闭机床总电源。（　　）
7. 按下机床紧急停止按钮后，除能进行手轮操作外，其余的所有操作都将停止。（　　）
8. 通常情况下，手摇脉冲发生器顺时针转动方向为刀具进给的正方向，逆时针转动方向为刀具进给的负方向。（　　）
9. 手动返回参考点时，返回点不能离参考点太近，否则会出现机床超程等报警。（　　）
10. 手摇进给的进给速率可通过进给速度倍率旋钮进行调节，调节范围为 0% ~150%。（　　）

四、简答题

1. 试说明自动编程的特点。

2. 当机床处于急停状态时，如何消除？

五、计算题

1. 铣削加工某一工件时，已知铣刀每齿进给量 $f_z = 0.03$ mm/z，齿数 $z = 3$，主轴转速 $n = 500$ r/min，求每分钟进给量。

2. 计算图 1－3 中点 $A \sim D$ 在 XY 平面内的坐标值。

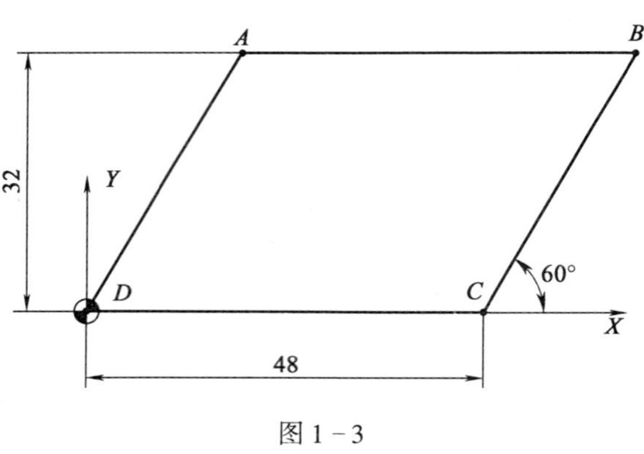

图 1－3

模拟试卷一

注意事项

1. 请仔细阅读题目，按要求答题；保持卷面整洁。
2. 考试时间为 120 min。

题号	一	二	三	四	五	总分	审核人
分数							

一、填空题（将正确答案填写在横线上。每题 2 分，满分 20 分）

1. 数控钻床主要用于完成____________和____________等功能，有时也可完成简单的____________功能。
2. 除数控铣床、数控钻床外，常用的数控机床还有____________________________________、数控磨床、____________________和____________________________________等。
3. 伺服系统主要由________________和________________等装置组成。
4. 写出下列按钮的常用英文标记：单段运行________________________、机床锁住________________________、编辑____________、主轴正转____________。
5. 选择数控铣床工件坐标系原点时，*Z* 轴方向的原点一般取在____________________，*XY* 平面的原点一般取在________________________或________________________。
6. 自动编程必须具备________________________或________________。
7. 用于测定刀具与工件相对位置的仪器有____________和____________。
8. ________________主要用于控制机床或系统的各种辅助动作。
9. 自动编程的优点是________________________和________________________________。
10. 数控铣床系统一般利用地址________________________来指定直线坐标，用地址__________________来指定角度坐标。

二、选择题（将正确答案的代号填写在括号内。每题 2 分，满分 20 分）

1. CIMS 是指（　　）。

　A. 柔性制造系统　　　　B. 柔性制造单元
　C. 计算机集成制造系统　　D. 加工中心

2. 加工中心与数控铣床的主要区别是（　　）。

　A. 有刀库和自动换刀装置　　B. 转速高
　C. 机床刚度好　　　　D. 进给速率高

3. （　　）是编程人员在编程时使用的，并由编程人员在工件上指定某一固定点为原点所建立的坐标系。

　A. 工件坐标系　　　　B. 机床坐标系

C. 右手直角笛卡儿坐标系　　D. 标准坐标系

4. 非模态代码是指（　　）。

A. 一经在程序段中指定，直到出现同组代码时才会失效的代码

B. 只在该程序段有效的代码

C. 续效功能代码

D. 不能独立使用的代码

5. 加工中心按主轴的方向可分为（　　）两种。

A. Z 坐标和 C 坐标　　B. 经济性和多功能

C. 立式和卧式　　D. 移动和转动

6. FANUC 0i 系统中，在程序编辑状态输入“O－9999”后按下“DELETE”键，则（　　）。

A. 删除当前显示的程序　　B. 不能删除程序

C. 出现报警信息　　D. 删除存储器中所有程序

7. 下列开关中，用于机床空运行的按钮是（　　）。

A. “SINGLE BLOCK”　　B. “MC LOCK ”

C. “OPT STOP”　　D. “DRY RUN”

8. 加工时，恒线速度控制在 100 m/min，需采用指令（　　）进行设定。

A. G50 S100　　B. G96 S100

C. G97 S100　　D. G95 S100

9. 当机床的程序保护开关处于“ON”时，不能对程序进行（　　）。

A. 输入　　B. 修改　　C. 删除　　D. 以上均不能

10. 程序段前加符号“/”表示（　　）。

A. 程序段跳跃　　B. 程序暂停　　C. 程序停止　　D. 单段运行

三、判断题（正确的打“√”，错误的打“×”。每题 2 分，满分 20 分）

1. 输入/输出装置属于数控系统的一部分。（　　）

2. 就所加工工件的尺寸一致性而言，数控机床不及普通机床。（　　）

3. “G90 G94 G40 G80 G17 G21 G54;”该指令中出现了多个 G 代码，说明该程序段不是一个规范、正确的程序段。（　　）

4. 在自动加工的空运行状态下，刀具的移动速度与程序中指令的进给速度无关。（　　）

5. 当机床出现超行程报警时，按下复位按钮“RESET”即可使超行程报警解除。（　　）

6. 数控机床的开机回零操作是指机床返回参考点的操作，其目的是建立机床坐标系。（　　）

7. G01、G02、G03 和 G04 为同组指令，指令间具有相互替代作用。（　　）

8. 程序注释对机床加工动作没有任何影响。（　　）

9. 对于立式数控铣床而言，机床向 X 轴正向运动是指工作台水平向右运动。（　　）

10. 自动编程一般多在模具加工、多轴联动加工中使用。 (　　)

四、简答题（每题 10 分，满分 20 分）

1. 简述数控机床坐标轴的位置是如何确定的。

2. 简述数控程序的格式。

五、计算题（每题 10 分，满分 20 分）

1. 试计算图 1－4 中点 $A \sim Q$ 的坐标。

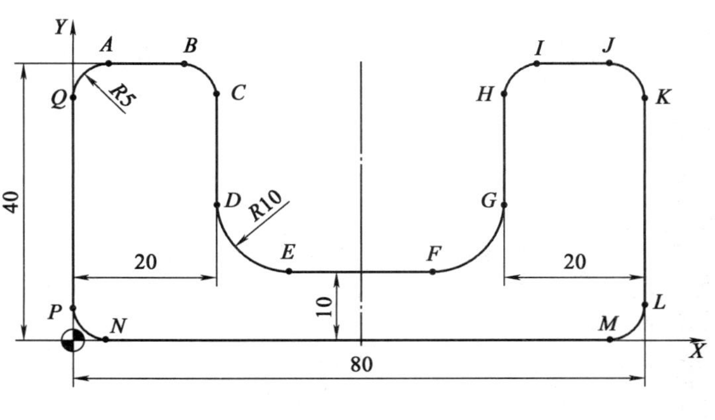

图 1－4

2. 试计算图 1 - 5 中点 $A \sim F$ 的坐标。

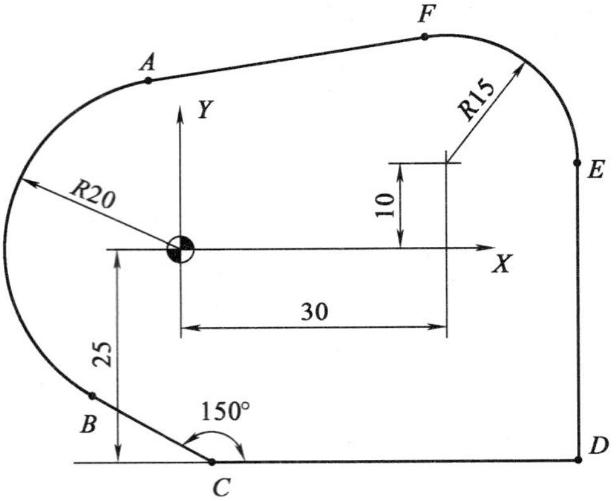

图 1 - 5

模块二　零件轮廓的铣削加工

任务一　平面槽铣削加工

一、填空题（将正确答案填写在横线上）

1. 数控编程时，数字单位以公制为例分为两种。一种是以________________为单位，另一种是以____________________为单位。

2. FANUC 系统采用____________________准备功能字来进行公、英制的切换，而 SIEMENS 和 A－B 系统采用____________________准备功能字来进行公、英制的切换。

3. 在圆弧插补中采用 R 指定圆心时，当圆心角____________________时，R 采用正值表示；当圆心角____________________时，R 采用负值表示。

4. 暂停指令 G04 X2.0，表示暂停时间为________；主轴顺时针旋转指令为________；切削液启动指令为________；子程序调用指令为________。

5. 指令“G00 X____ Y____ Z____；”中“X____ Y____ Z____”是指编程坐标系中的________________________________。

6. 我国数控铣床/加工中心使用的刀柄通常可分成________、________、________和________等几种系列。

二、选择题（将正确答案的代号填写在括号内）

1. 下面不适宜在数控机床上加工的零件是（　　）。
   A. 生产周期短的零件
   B. 加工精度高的零件
   C. 加工余量不稳定、生产批量大的零件
   D. 轮廓形状复杂的零件

2. 脉冲当量为 0.001 的系统在采用小数点编程时，当输入 X30.0011 时，经数控系统处理后的值为（　　）。
   A. X30.000　　B. X30.001　　C. X30.010　　D. X30.0011

3. 切削刀具通过（　　）与数控铣床主轴连接。
   A. 刀柄　　B. 拉钉　　C. 夹头　　D. 中间模块

4. 数控铣床刀柄一般采用（　　）锥面与主轴锥孔配合定位。
   A. 24∶7　　B. 1∶20　　C. 20∶1　　D. 7∶24

5. 通过（　　）的使用，可提高刀柄的通用性。
   A. 刀柄　　B. 拉钉　　C. 弹簧夹头　　D. 中间模块

6. 在机械加工车间中直接改变毛坯的形状、尺寸和材料性能，使之变为成品的过程称为（　　）。

A. 生产过程　　B. 加工过程　　C. 工艺过程　　D. 工作过程

7. 数控铣床的最大特点是（　　），即灵活、通用、万能，可加工不同形状的零件。

A. 精度高　　B. 工序集中　　C. 高柔性　　D. 效率高

8. 指令“G03 G02 G01 G00 X100. 0…;”中实际有效的 G 代码指令是（　　）。

A. G00　　B. G03　　C. G02　　D. G01

9. SIEMENS 系统中选择公制、增量尺寸进行编程，使用的 G 代码指令为（　　）。

A. G70 G90　　B. G71 G90　　C. G70 G91　　D. G71 G91

10. 高速铣削刀具的装夹方式不宜采用（　　）方式。

A. 液压夹紧　　B. 弹性夹紧　　C. 侧固　　D. 热膨胀

三、判断题（正确的打“√”，错误的打“×”）

1. G27、G28、G29 为返回参考点指令，这三种指令均为模态指令。（　　）
2. G28 指令可以使刀具以点位方式经中间点返回到参考点。（　　）
3. G28 指令与 G29 指令在程序编制中需成对出现。（　　）
4. 通过输入不同的零点偏移数值，可以设定 G54 ~ G59 共计 6 个不同的工件坐标系。（　　）
5. A 型拉钉用于带钢球的拉紧装置，B 型拉钉用于不带钢球的拉紧装置。（　　）
6. 弹簧夹头有 ER 和 KM 两种，其中 ER 弹簧夹头的夹紧力较大，适于强力铣削。（　　）
7. 数控机床适合加工多品种、小批量的生产。（　　）
8. 使用工件坐标系指令 G54 ~ G59 时，不能同时使用坐标系设定指令 G92。（　　）
9. G92 是设定新工件坐标系的运动指令。（　　）
10. 所谓节点计算就是指计算逼近直线或圆弧段与非圆曲线的交点或切点。（　　）

四、简答题

1. 简述数控加工的内容。

2. 简述 G00 指令与 G01 指令的区别。

五、综合题

1. 分别用 I、J 及 R 的编程方法编写图 2－1 所示 $A \sim B$ 的四段圆弧。

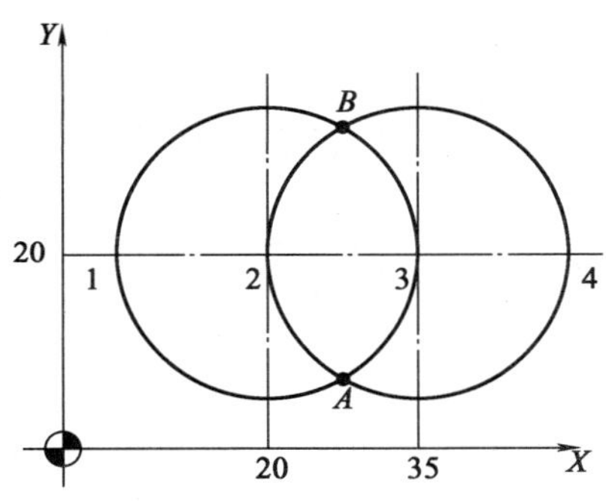

图 2－1

圆弧段 1	圆弧段 3
G ____ X ____ Y ____ R ____; G ____ X ____ Y ____ I ____ J ____;	G ____ X ____ Y ____ R ____; G ____ X ____ Y ____ I ____ J ____;
圆弧段 2	**圆弧段 4**
G ____ X ____ Y ____ R ____; G ____ X ____ Y ____ I ____ J ____;	G ____ X ____ Y ____ R ____; G ____ X ____ Y ____ I ____ J ____;

2. 已知某加工程序的加工起点为坐标原点，X、Y 快进速度为 15 m/min，程序如下：

```
O0001;
N10 G90 G01 X-30.0 Y-20.0 S500 F100 M03;
N20 G01 Y0;
N30 G02 X30.0 Y0 R30.0;
N40 X0 I-15.0 S200 F50;
N50 G91 G03 X-30.0 R15.0;
N60 G90 G00 Y-20.0;
N70 G00 X0 Y0 M05;
M30;
```

（1）分析程序，并完成表 2－1。

表 2－1

执行的程序段号	起点坐标（X，Y）	终点坐标（X，Y）	圆弧半径/mm	进给速度/（mm/min）	主轴转速/（r/min）
N10			—		
N20			—		
N30					
N50					
N60			—		

（2）在图 2－2 中画出刀具中心在 XY 平面上的运动轨迹。

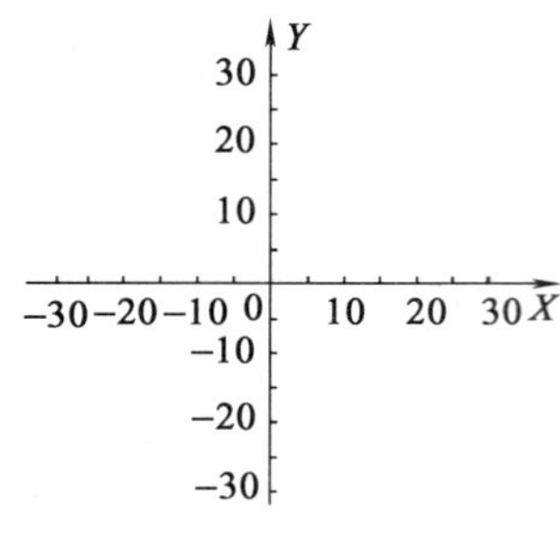

图 2－2

六、编程题

1. 如图 2－3 所示，试完成刀具中心在 XY 平面内从 1 点走至 16 点的程序编写。

```
O22;
G94 G40 G21;
…
G00 X0 Y0;
G01 X35.0 F100;（1 点）
```

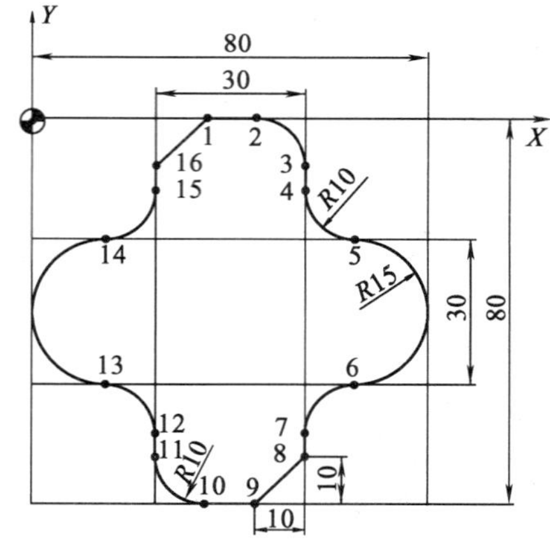

图 2－3

```
…
M30;
```

2. 采用 ϕ12 mm 的立铣刀加工深度为 5 mm 的凹槽 1 和凹槽 2，如图 2－4 所示（毛坯尺寸 130 mm×100 mm×20 mm，毛坯材料为 6061 铝材）。试设计编程原点，编写加工程序。

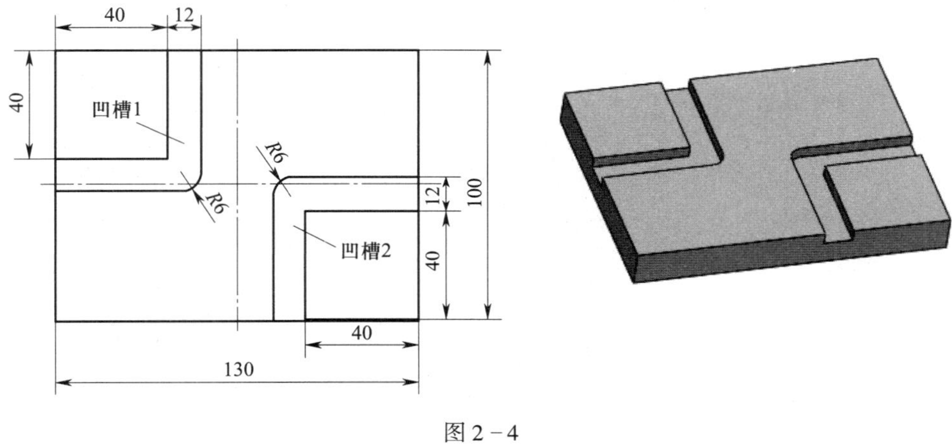

图 2－4

3. 在铝料上，用 R3 mm 球头铣刀刻出如图 2－5 所示文字，文字深3 mm，试编写其加工程序。

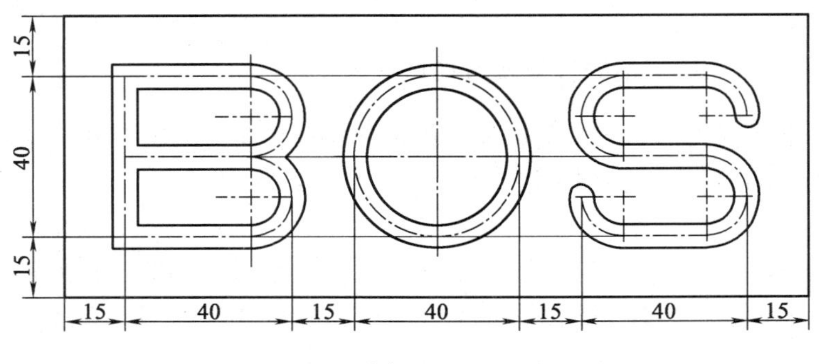

图 2－5

任务二　外形轮廓铣削加工

一、填空题（将正确答案填写在横线上）

1. 数控铣床的刀具补偿功能分为＿＿＿＿＿＿＿＿＿＿＿＿＿＿＿＿和＿＿＿＿＿＿＿＿＿＿＿＿＿＿两种。

2. 端面铣刀的刀位点指＿＿＿＿＿＿＿＿＿＿＿＿＿＿，球头铣刀的刀位点指＿＿＿＿＿＿＿＿＿＿＿＿＿＿。

3. 根据刀具半径补偿在工件拐角处＿＿＿＿＿＿＿＿的不同，刀具半径补偿通常分为＿＿型刀补和＿＿型刀补两种。

4. 刀具半径补偿的过程分为三步，即＿＿＿＿＿＿＿＿＿＿＿＿、＿＿＿＿＿＿＿＿＿＿＿＿和＿＿＿＿＿＿＿＿＿＿＿＿。

5. 常用的数控刀具材料有＿＿＿＿＿＿＿＿、＿＿＿＿＿＿＿＿、＿＿＿＿＿＿＿＿、＿＿＿＿＿＿＿＿＿＿＿＿和＿＿＿＿＿＿＿＿等。

6. 常用轮廓铣削刀具主要有＿＿＿＿＿＿＿＿＿＿＿＿、＿＿＿＿＿＿＿＿＿＿＿＿、＿＿＿＿＿＿＿＿＿＿、＿＿＿＿＿＿＿＿＿＿和＿＿＿＿＿＿＿＿＿＿等。

二、选择题（将正确答案的代号填写在括号内）

1. 用 ϕ10 mm 铣刀按零件实际轮廓编写加工外轮廓程序，利用刀具半径补偿保留 0.2 mm 的精加工余量，则在该刀具半径补偿存储器中设置的值为（　　）。

   A. 10.2　　B. 9.8　　C. 5.2　　D. 4.8

2. 刀片或刀齿与刀体的安装方式中，（　　）是当前最常用的一种夹紧方式。

   A. 整体焊接式　　B. 机夹焊接式　　C. 可转位式　　D. 嵌套式

3. 模具铣刀中，（　　）在数控机床上应用较为广泛。

   A. 圆锥形立铣刀　　B. 圆柱形球头立铣刀

C. 圆锥形球头立铣刀　　D. 鼓形铣刀

4. 在进行工件粗加工时，不能依据（　　）来选取进给速度。

A. 刀具材料　　B. 机床的强度和刚度

C. 已选定的铣削深度　　D. 表面粗糙度

5. 利用高速钢立铣刀铣削钢件时，切削速度可选择（　　）m/min。

A. 20～40　　B. 6～12　　C. 80～250　　D. 45～90

6. 球头铣刀的球头半径通常（　　）所加工曲面的曲率半径。

A. 大于　　B. 小于　　C. 等于　　D. 大于、小于或等于

7. 下列因素中，对切削加工后的表面粗糙度影响最小的是（　　）。

A. 切削速度 v_c　　B. 背吃刀量 a_p　　C. 进给量 f　　D. 切削液

8. 铣刀在一次进给中所切掉的工件表层的厚度称为(　　)。

A. 铣削宽度　　B. 铣削深度　　C. 进给量　　D. 切削用量

9. 下列刀具材料中，不适合高速切削的刀具材料是(　　)。

A. 高速钢　　B. 硬质合金　　C. 涂层硬质合金　　D. 陶瓷

三、判断题（正确的打“√”，错误的打“×”）

1. B 型刀补在工件轮廓的拐角处采用圆弧过渡。（　　）
2. 在建立刀具半径补偿时，程序段的起始位置最好与补偿方向在异侧。（　　）
3. 面铣刀的端部切削刃为主切削刃。（　　）
4. 直径较小的立铣刀刀柄一般为直柄形式，直径较大的立铣刀刀柄一般为莫氏锥柄形式。（　　）
5. 切削用量是主轴转速、进给速度和背吃刀量的总称。（　　）
6. 在精加工时，可按表面粗糙度要求、刀具及工件材料等因素来选取进给速度。（　　）
7. 在精加工或工件材料的加工性能较差时，宜选用较低的切削速度。（　　）
8. 在切削高强度钢、高温合金等难切削材料时，可选用极压切削液。（　　）
9. 在精加工时，选用的切削液应以冷却功能为主。（　　）
10. 键槽铣刀重磨时，只需刃磨端面切削刃，因此重磨后铣刀直径不变。（　　）

四、简答题

1. 试简述刀具补偿功能的概念及刀具补偿的应用。

2. 试简述采用 B 型刀补控制刀具轨迹时对工件加工的影响。

五、综合题

1. 根据程序，在图 2-6 中画出刀具中心在 *XY* 平面内的走刀轨迹。

```
O002；(工件外轮廓加工，φ10 mm 立铣刀)
N10   G90  G94  G54  G40；
…
N40   G00  X-10.0  Y-10.0；                 (A)
N50   G01  G41  X0  D01  F100；             (B)
N60   Y40.0；                               (C)
N65   X25.0；                               (D)
N70   G91  G02  X15.0  Y-15.0  R15.0；      (E)
N80   G01  Y-25.0；                         (F)
N90   G90  X15.0；                          (G)
N95   G03  X0  Y15.0  R15.0；               (H)
N100   G01  X-10.0；                        (I)
N110   G40  G00  Y-10.0；                   (J)
…
N200   M30；
```

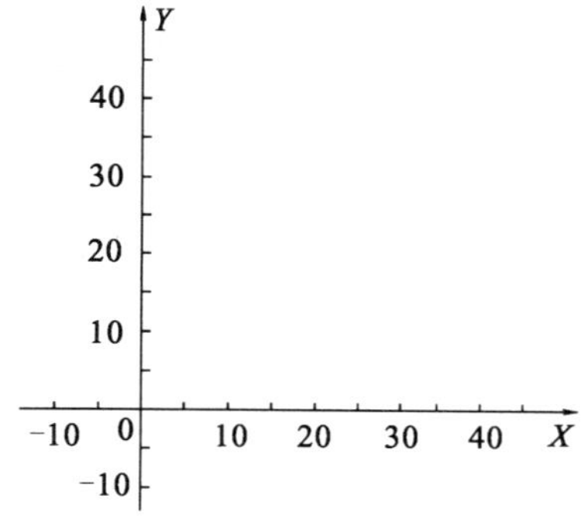

图 2-6

2. 选择 ϕ10 mm 立铣刀加工如图 2－7 所示工件，已知毛坯尺寸为 50 mm × 50 mm × 15 mm，材料为 45 钢，其加工程序如下，试在程序错误处划横线并改正，在程序不完整的地方添加程序。

```
O111;
N10   G90  G20  G95  G80  G49;
N30   M03  S600;
N40   G00  X40.0  Y40.0;
N50   Z20.0;
N60   G01  Z-5.0;
N110   G01  G42  Y20.0;
N120   X-10.0;
N130   G03  X-20.0  Y10.0;
N140   G01  Y0;
N150   G02  X0  Y-20.0  R10.0;
N160   G01  X20.0;
N170   Y40;
N180   G40  G01  X40.0;
N200   G00  Z50.0;
N210   M04;
N220   M30;
```

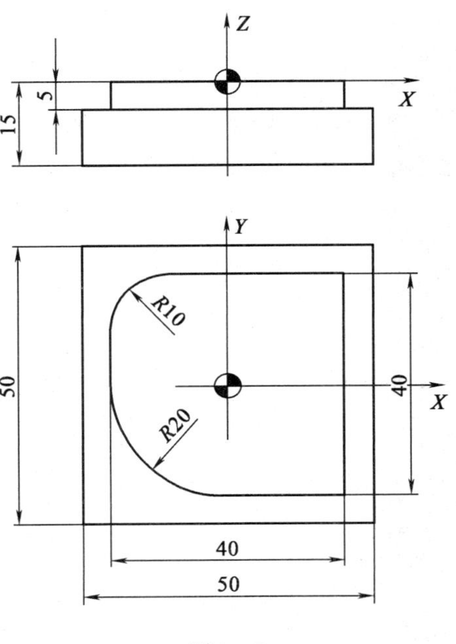

图 2－7

六、编程题

1. 加工如图 2－8 所示工件，已知毛坯尺寸为 106 mm×66 mm×20 mm，材料为 45 钢，试绘制编程原点并编制数控铣削加工程序。

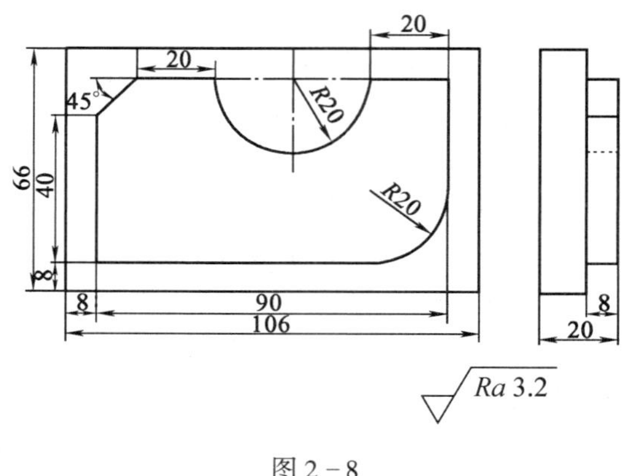

图 2－8

2. 加工如图 2－9 所示工件，已知毛坯尺寸为 60 mm×60 mm×20 mm，材料为 45 钢，试绘制编程原点并编制数控铣削加工程序。

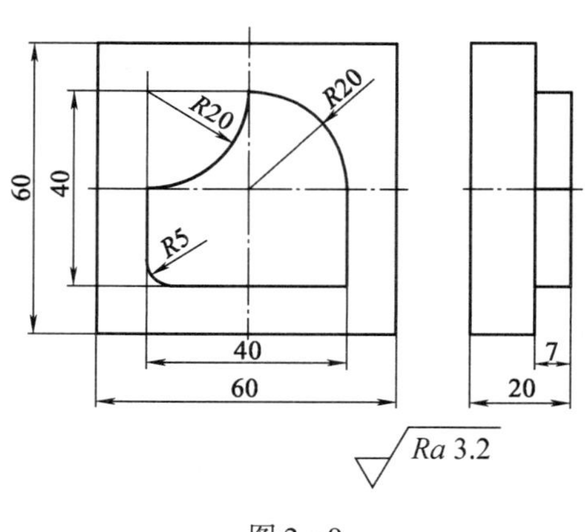

图 2－9

3. 加工如图 2－10 所示工件，已知毛坯尺寸为 80 mm×65 mm×20 mm，材料为 45 钢，试绘制编程原点并编制数控铣削加工程序。

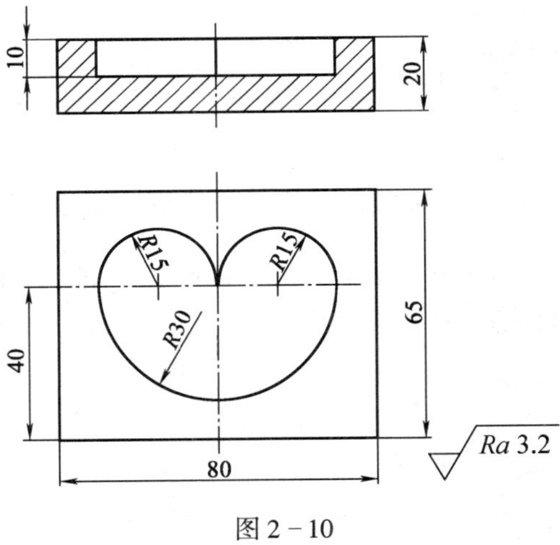

图 2－10

任务三　子程序的编程与外形轮廓铣削加工

一、填空题（将正确答案填写在横线上）

1. 主程序用____________或____________表示主程序结束，而子程序则用______________表示子程序结束。

2. “M98 P200；”表示调用________次子程序名为________________的子程序，“M98 P60030；”表示调用____次子程序名为________的子程序。

3. 确定加工余量的方法主要有____________________、____________________和____________________。

4. 机床夹具按其通用化程度可分为________________、________________、________________和________________等类型。

5. 平口钳具有较好的通用性和经济性，常采用____________________、____________或____________夹紧方式。

6. 成组夹具的特点是______________________________、______________________________和________________________。

二、选择题（将正确答案的代号填写在括号内）

1. 主程序用“M98 P××L99；”调用，子程序采用“M99 L2；”返回，则子程序重复执行次数为（　　）次。

A. 99　　B. 2　　C. 101　　D. 0

2. FANUC 系统可实现子程序（　　）级嵌套。

A. 4　　B. 5　　C. 6　　D. 8

3. 加工中心压板通常采用（　　）与螺栓的夹紧方式。

A. 梯形螺母　　B. 三角形螺母

C. 六角形螺母　　D. T 形螺母

4. 下列卡盘中，具有自定心作用的卡盘是（　　）。

A. 二爪卡盘　　B. 三爪卡盘

C. 四爪卡盘　　D. 气动卡盘

5. 加工中心上夹具的选择顺序是（　　）。

A. 首先考虑通用夹具，其次考虑组合夹具，最后考虑专用夹具、成组夹具

B. 首先考虑组合夹具，其次考虑通用夹具，最后考虑专用夹具、成组夹具

C. 首先考虑成组夹具，其次考虑通用夹具，最后考虑专用夹具、组合夹具

D. 首先考虑通用夹具，其次考虑专用夹具，最后考虑成组夹具、组合夹具

6. 千分尺的测量精度通常为（　　）mm。

A. 0.1　　B. 0.001　　C. 0.01　　D. 0.005

7. 铣床上用的分度头和各种机用虎钳均为（　　）夹具。

A. 专用　　B. 通用　　C. 组合　　D. 三者皆可

8. 精加工时为了提高生产率，应选择较大的（　　）。

A. 进给量　　B. 切削速度　　C. 切削深度　　D. 机床转速

9. 子程序的返回程序段为“M99 P100;”，表示(　　)。

A. 调用子程序 O100 一次　　B. 返回子程序 N100 程序段

C. 返回主程序 N100 程序段　　D. 返回主程序 O100

10. 在轮廓铣削时，高速钢的单边精加工余量选择(　　) mm 较为合适。

A. 0.2 ~0.4　　B. 0.4 ~0.8

C. 0.1 ~0.2　　D. 0.3 ~0.6

三、判断题（正确的打“√”，错误的打“×”）

1. 如果在子程序的返回程序段中加上 Pn，则子程序在返回主程序时将返回到主程序中顺序号为“n”的那个程序段。（　　）

2. 组合夹具既适用于单件及中、小批量生产，又适用于大批量生产。（　　）

3. 专用夹具与组合夹具都适用于大批量生产。（　　）

4. 在机械加工中，数显分度头的精度要比万能分度头的精度低。（　　）

5. 对于具有几个相同几何形状的零件，编程时可仅编制其中一个几何形状的加工程序，其他可采用子程序进行调用。（　　）

6. 模具铣刀是由成形铣刀发展而成的。（　　）

7. 数控铣削加工零件时，要考虑充足的余量，由于加工过程是自动的，因此无论毛坯余量大小是否均匀，都能准确、高效地进行加工。（　　）

8. 万能角度尺检验工件角度时，可以用光隙法评定检验结果。（　　）

四、简答题

1. 填写表 2－2 中的精加工余量。

表 2－2　　mm

加工方法	刀具材料	精加工余量	加工方法	刀具材料	精加工余量
轮廓铣削	高速钢		铰孔	高速钢	
	硬质合金			硬质合金	
扩孔	高速钢		镗孔	高速钢	
	硬质合金			硬质合金	

2. 试说明如何选用数控机床所用夹具。

五、编程题

1. 加工如图 2 - 11 所示工件，已知毛坯尺寸为 60 mm × 60 mm × 20 mm，材料为 45 钢，试编制数控铣削加工程序。

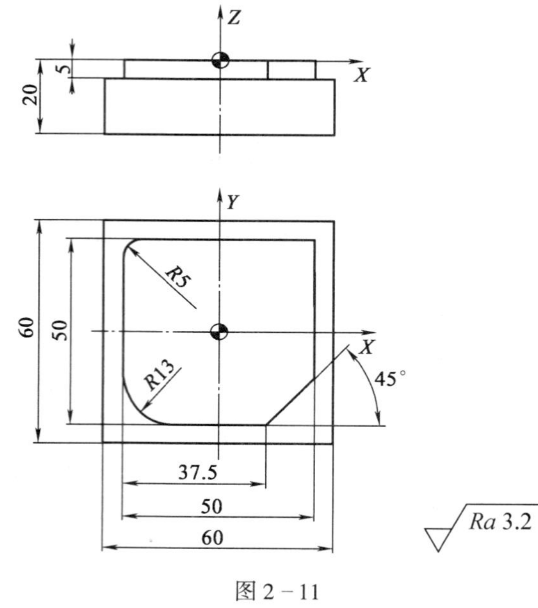

图 2 - 11

2. 加工如图 2－12 所示工件，已知毛坯尺寸为 100 mm × 70 mm × 30 mm，材料为 45 钢，试绘制编程原点并编制数控铣削加工程序。

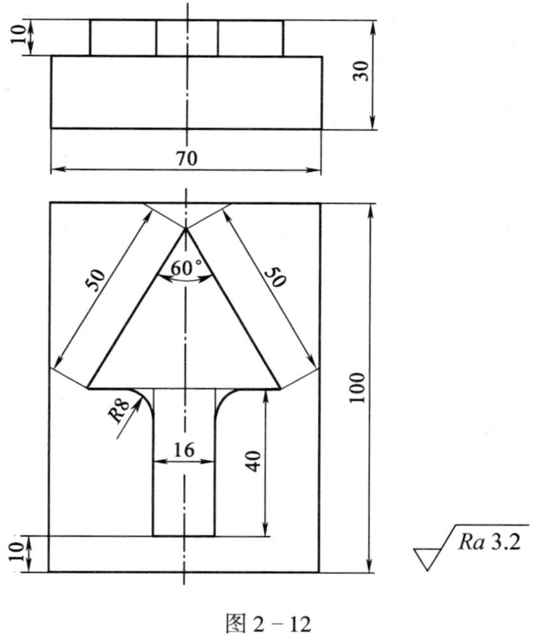

图 2－12

3. 加工如图 2 - 13 所示工件，已知毛坯尺寸为 100 mm ×70 mm ×20 mm，材料为 45 钢，铣削深度为 8 mm，试绘制编程原点并编制数控铣削加工程序。

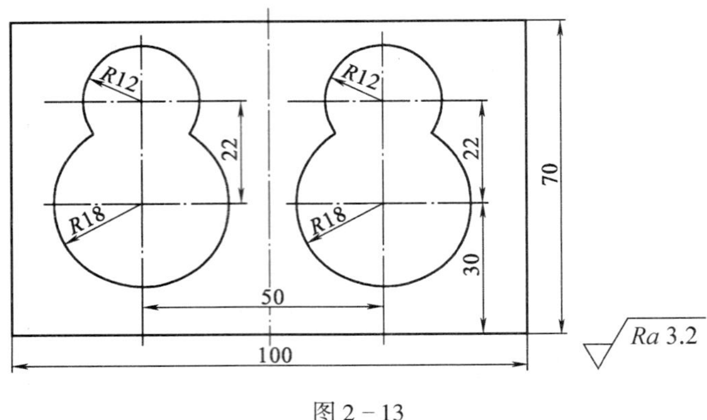

图 2 - 13

4. 加工如图 2 - 14 所示工件，已知毛坯尺寸为 108 mm ×80 mm ×30 mm，材料为 45 钢，试绘制编程原点并编制数控铣削加工程序。

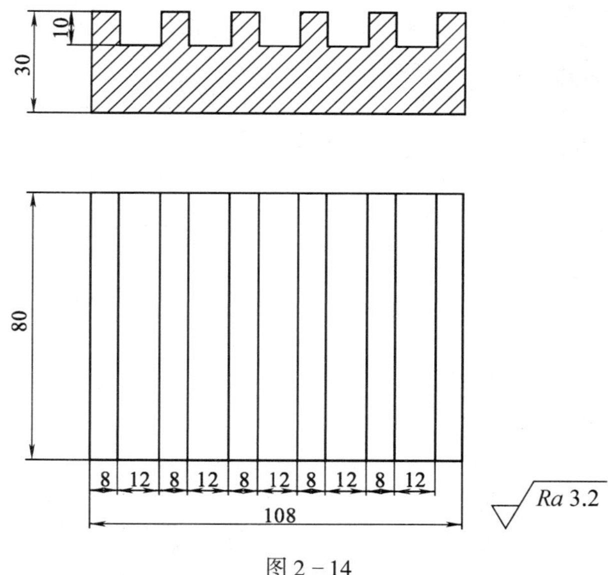

图 2－14

任务四　组合件加工

一、填空题（将正确答案填写在横线上）

1. 顺铣是指刀具的切削速度方向与工件的移动方向________，顺铣的切削力_____________，变形_____________，容易产生________________。一般采用顺铣的方法进行________。

2. 对于工件在数控铣加工过程中的变形问题，可在加工前采用________________________________来解决，也可采用________________________________或________________________________的方法来解决。

3. 进给路线包括平面进给和深度进给两部分，在平面进给时，外轮廓一般从________方向切入，沿________方向切出。对于内轮廓，可采用________________来实现沿轮廓线的切向切入和切出。

4. 在数控加工中，刀具刀位点相对于工件运动的轨迹称为________________。

5. 数控加工中广泛采用先进的________________刀具、________________刀具等工艺装备。

6. 数控加工多采用________________________来安排加工工序，从而缩短了生产周期，减少了设备的投入，提高了经济效益。

二、选择题（将正确答案的代号填写在括号内）

1. 轮廓最小圆弧半径与零件轮廓面的最大加工高度的比值（　　）时，零件的结构工艺性较好。

A. 大于 0. 2　　B. 小于 0. 2　　C. 大于 0. 1　　D. 小于 0. 1

2. 精加工如图 2－15 所示的工件外轮廓，选择的走刀路线中，路线（　　）最合理，路线（　　）会出现过切。

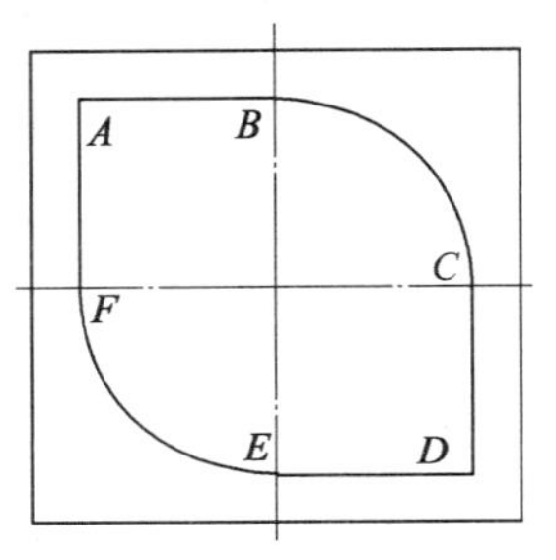

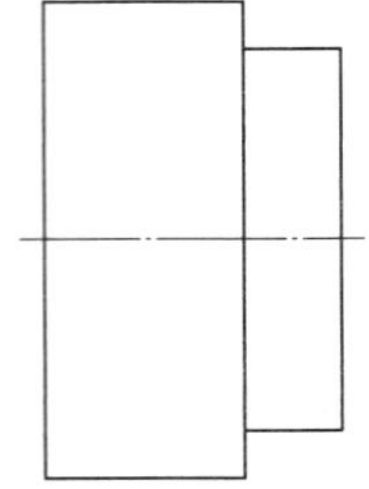

图 2－15

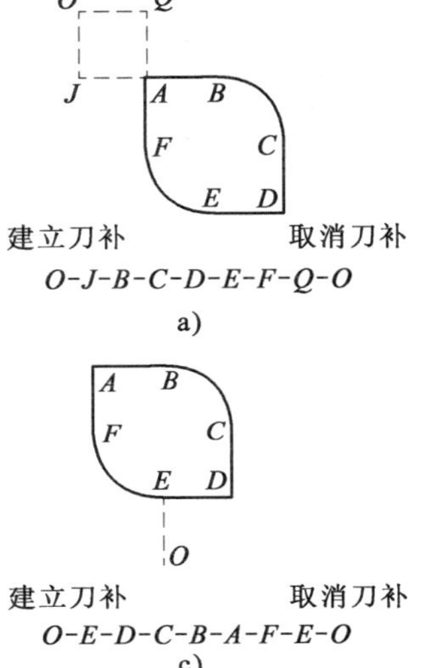

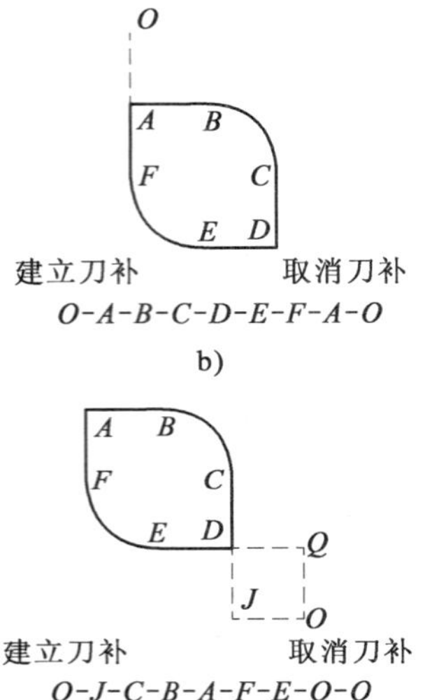

A. 图 a、图 c　　B. 图 b、图 d　　C. 图 a、图 d　　D. 图 c、图 d

3. 在进行凹槽切削时，下列（　　）最合理。

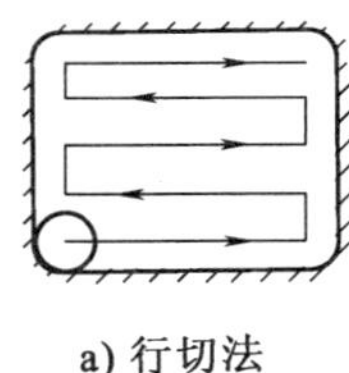

a) 行切法

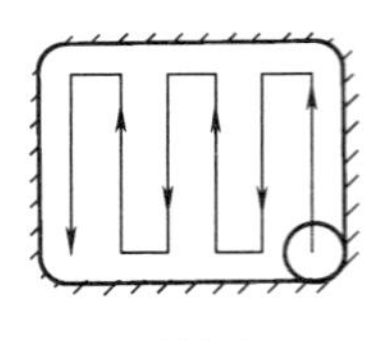

b) 行切法

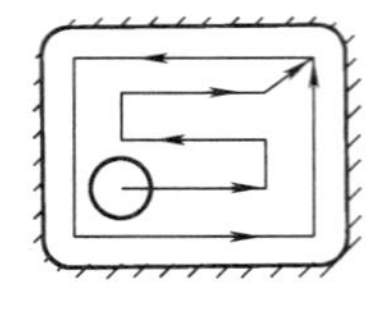

c) 先行切后环切

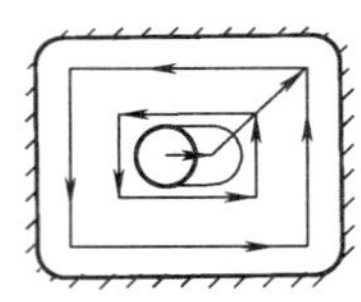

d) 环切法

A. 图 a　　B. 图 b　　C. 图 c　　D. 图 d

4. 顺铣与逆铣相比，其优点是（　　）。

A. 工作台运动稳定　　B. 刀具磨损小

C. 散热条件好　　D. 生产率高

5. 工件在机床上或在夹具中装夹时，用来确定加工表面相对于刀具切削位置的面称为（　　）。

A. 测量基准　　　　B. 装配基准

C. 工艺基准　　　　D. 定位基准

6. 周铣时用（　　）方式进行铣削，铣刀的刀具寿命长，获得的加工面的表面粗糙度值较小。

A. 顺铣　　B. 逆铣　　C. 对称铣　　D. 三者全不对

7. G18 用以指定（　　）。

A. *XY* 平面　　B. *XZ* 平面　　C. *YZ* 平面　　D. *XYZ* 平面

8. 内轮廓精加工时，主轴正转，采用右刀补加工是（　　）铣。

A. 顺　　　　B. 逆

C. 由工件的进给方向确定顺、逆　　　　D. 不能确定顺、逆

9. 下列 G 指令中（　　）指令为非模态 G 指令。

A. G01　　B. G02　　C. G43　　D. G28

三、判断题（正确的打“√”，错误的打“×”）

1. 铣削槽底平面时，槽底圆角半径越大，铣刀加工平面的能力就越差。（　　）

2. 在轮廓铣削加工中，若出现刀具的进给停顿，则切削力会增大，刀具会在工件表面留下刀痕。（　　）

3. 在加工外轮廓时，若刀具正转，且采用左刀补，则为逆铣。（　　）

4. 工艺基准是在工艺过程（加工和装配过程）中采用的基准。（　　）

5. 精加工时，进给量是按表面粗糙度的要求选择的，表面粗糙度值小应选较小的进给量。因此，表面粗糙度值与进给量成正比。（　　）

6. 一般情况下，插补运动的实际插补轨迹不可能与理想轨迹完全相同。（　　）

7. 用立铣刀铣削平面外轮廓时，要求铣刀半径大于轮廓的最小曲率半径。（　　）

8. 数控机床和普通机床都是通过刀具切削工件来完成零件的加工的，因此二者的工艺路线是相同的。（　　）

9. 为保证工件有较好的表面质量，对外凸轮廓按顺时针方向铣削，对内凹轮廓按逆时针方向铣削。（　　）

10. 加工内轮廓时，粗加工用环切法，精加工用行切法。（　　）

四、简答题

1. 简述数控加工工艺的基本特点。

2. 简述数控加工工艺分析的主要内容。

五、编程题

1. 加工如图 2－16 所示工件内轮廓型腔，已知毛坯尺寸为 100 mm×105 mm×20 mm，材料为 45 钢，加工深度为8 mm，试编制数控铣削加工程序。

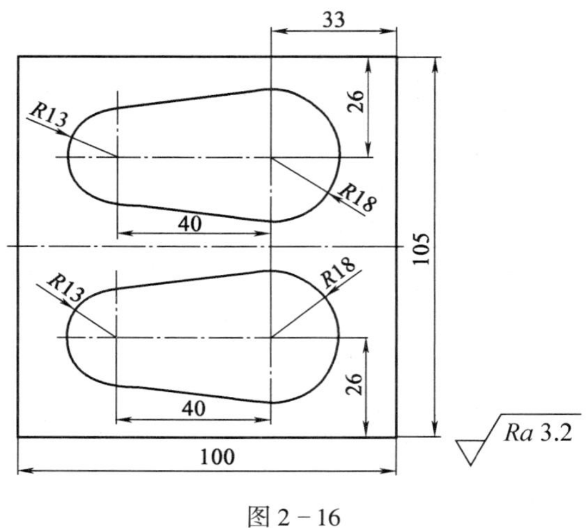

图 2－16

2. 加工如图 2－17 所示工件，已知毛坯尺寸为 ϕ56 mm×40 mm，材料为 45 钢，试编制数控铣削加工程序。

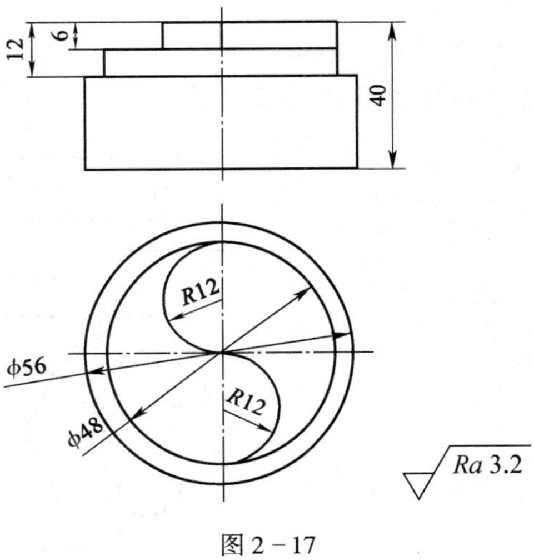

图 2－17

3. 加工如图 2－18 所示工件，已知毛坯尺寸为 100 mm×50 mm×14 mm，材料为 45 钢，试编制数控铣削加工程序。

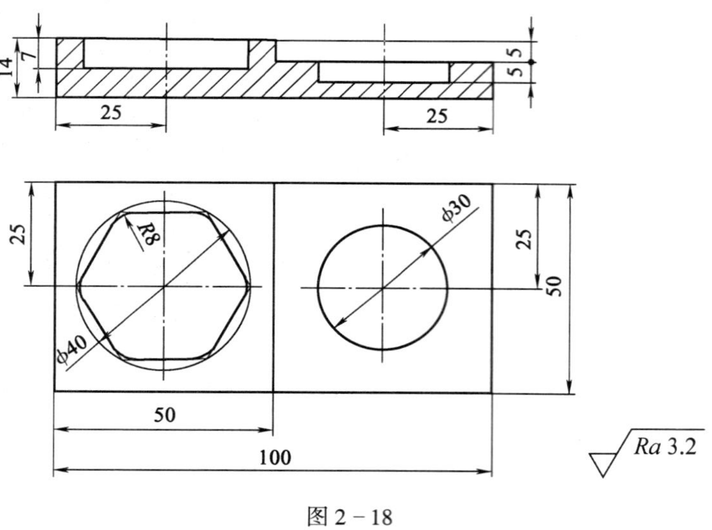

图 2－18

4. 加工如图 2－19 所示工件 1、工件 2，已知毛坯尺寸分别为 60 mm×60 mm×20 mm、60 mm×60 mm×8. 5 mm，材料为 45 钢，试编制数控铣削加工程序。

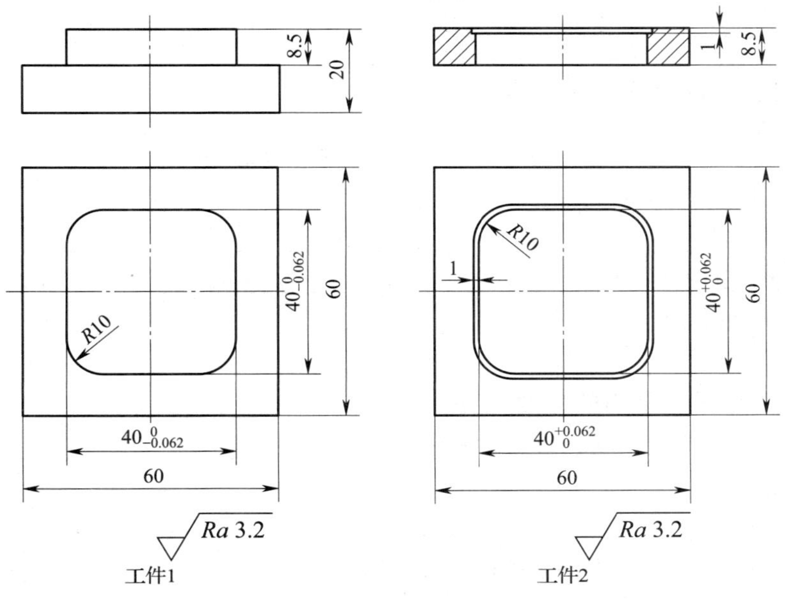

图 2－19

综合测试二

一、填空题（将正确答案填写在横线上）

1. 面铣刀多为________结构，刀齿为________或________，刀体为________。

2. 切削用量是指________、________和________。

3. 切削液的主要作用有________、________、________和________。

4. 切削液的使用方法有________、________和________。

5. 在机械加工中，常用的分度头有________、________和________等，为提高分度精度，数控机床还采用________和________等对精密零件进行分度。

6. 模具铣刀是由________发展而成的。

7. 数控铣床、加工中心刀柄系统由三部分组成，即________、________和________。

8. “G04 X2.0;”表示________。

9. ________指令常用于粗加工与精加工之间精度检测时的机床暂停。

10. 加工中心拉钉尺寸有________和________两种形式，其中________拉钉用于不带钢球的拉紧装置。

二、选择题（将正确答案的代号填写在括号内）

1. 硬质合金铣刀的切削速度比高速钢铣刀高（　　）倍。

   A. 2～3　　B. 5～8　　C. 3～5　　D. 10～15

2. 在以（　　）设定的坐标系中，必须将对刀点作为刀具相对于工件运动的起点。

   A. G52　　B. G53　　C. G54　　D. G92

3. 辅助功能 M04 代码表示（　　）。

   A. 程序暂停　　B. 打开切削液　　C. 主轴停止　　D. 主轴反转

4. 选择刀具起刀点时应（　　）。

   A. 防止与工件或夹具干涉　　B. 方便工件安装

   C. 使每把刀具刀尖在起始点位置　　D. 在工件外侧

5. 通常用球头铣刀加工比较平缓的曲面时，表面质量不会很高，这是因为（　　）。

   A. 行距不够密

   B. 球头铣刀刀尖部的切削速度几乎为零

   C. 球头铣刀切削刃不太锋利

   D. 步距太小

6. 当以脉冲当量作为编程单位时，执行指令“G01 U1000;”刀具移动（　　）mm。

   A. 1　　B. 1 000　　C. 0.001　　D. 0.1

7. 下列关于 G54 与 G92 指令，叙述不正确的是（　　）。

A. G92 通过程序来设定工件坐标系

B. G54 通过 MDI 功能键设定工件坐标系

C. G92 设定的工件坐标与刀具当前位置无关

D. G54 设定的工件坐标与刀具当前位置无关

8. 以下功能指令中，与 M00 指令功能相类似的指令是(　　)。

A. M01　　B. M02　　C. M03　　D. M04

9. G55 代码与下列（　　）代码用法及定义相同。

A. G52　　B. G53　　C. G50　　D. G54

10. 数控机床适用于（　　）生产。

A. 大型零件　　B. 小型零件

C. 中、小批量复杂零件　　D. 大批量零件

三、判断题（正确的打“√”，错误的打“×”）

1. 轮廓加工中，在接近拐角处应适当提高切削速度，以克服“超程”或“欠程”现象。（　　）

2. 工件在夹具中或机床上定位时，用以确定加工表面与机床刀具相对位置的表面（平面或曲面）称为定位基准。（　　）

3. 在用立铣刀铣削工件型腔轮廓时，铣刀半径应大于型腔的最小曲率半径。（　　）

4. 加工中心上使用的刀具有质量限制。（　　）

5. 自动换刀装置有回转刀架换刀、更换主轴换刀、更换主轴箱换刀、带刀库的自动换刀等形式。（　　）

6. 为保证凸轮的工作表面有较好的表面质量，对外凸轮廓按逆时针方向铣削，对内凹轮廓按顺时针方向铣削。（　　）

7. 在加工内型腔轮廓时，粗加工、精加工都用行切法。（　　）

8. 工件坐标系设定有两种方法。一种是 G92 建立工件坐标系，另一种是 G54 ~ G59 设定工件坐标系。（　　）

9. 通俗地讲，对刀就是找机床的坐标系零位。（　　）

10. 刀具磨损分为初期磨损、正常磨损和急剧磨损三个阶段。（　　）

四、简答题

1. 简述在加工中心上加工零件的特点。

2. 简述 M00 和 M01 指令的区别及其功能。

五、编程题

1. 加工如图 2 - 20 所示工件，已知毛坯尺寸为 75 mm × 40 mm × 45 mm，材料为 45 钢，试选择合理的加工路线及合适的加工刀具并完成程序的编制。

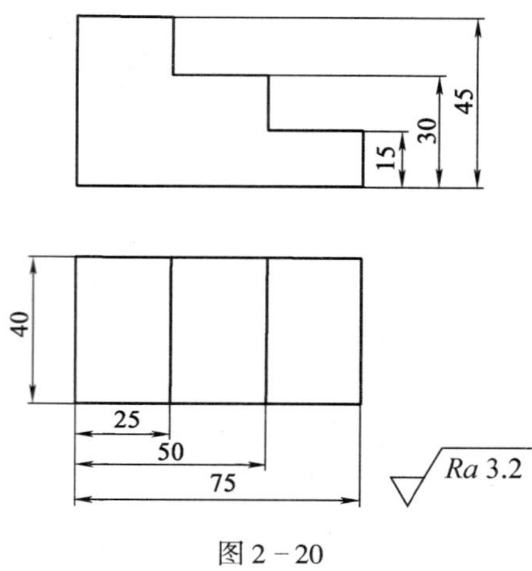

图 2 - 20

2. 加工如图 2 - 21 所示工件 1、工件 2，已知毛坯尺寸分别为 ϕ50 mm × 25 mm、ϕ50 mm × 24 mm，材料为 45 钢，试编写其数控铣削加工程序。

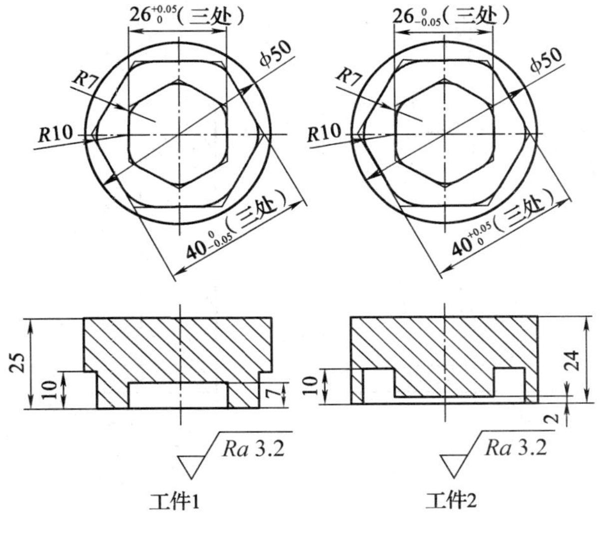

图 2 - 21

3. 加工如图 2－22 所示工件内轮廓，已知毛坯尺寸为80 mm×80 mm×30 mm，材料为 45 钢，试选择合理的加工路线及合适的加工刀具并完成程序的编制。

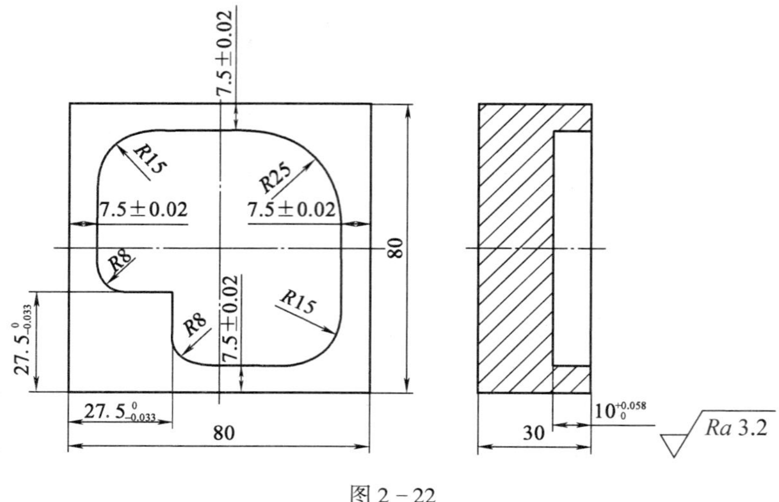

图 2－22

模拟试卷二

注意事项

1. 请仔细阅读题目，按要求答题；保持卷面整洁。

2. 考试时间为 120 min。

题号	一	二	三	四	五	六	总分	审核人
分数								

一、填空题（将正确答案填写在横线上。每空格 1 分，满分 20 分）

1. 切削液主要分为________________和________________两类。

2. 刀片和刀齿与刀体的安装方式有整体焊接式、机夹焊接式和________________三种。

3. 模具铣刀的刀柄有直柄、削平直柄和________________几种。

4. 根据量具的种类和特点，量具可以分为三种类型，其中游标卡尺属于________________，塞规属于________________，量块属于________________。

5. 常见的返回参考点指令主要有________、________和________三种。这三种指令均为________________。

6. 模具铣刀可分为圆锥形立铣刀、圆柱形球头立铣刀和________________。

7. 弹簧夹头有________________和 KM 弹簧夹头两种，其中 KM 弹簧夹头夹紧力________________，适用于________________。

8. 精加工余量过大会________________________________，从而影响加工精度和________________。

9. 卡盘、____________和____________都属于通用夹具，____________是根据成组加工工艺，把工件按形状尺寸和工艺的共性分组，针对每组相近工件而专门设计的。

二、选择题（将正确答案的代号填写在括号内。每题 2 分，满分 18 分）

1. 某加工程序中的一个程序段为“N003 G91 G18 G94 G02 X30. 0 Y35. 0 I30. 0 F100 LF”，该程序段的错误在于（　　）。

A. 不应该用 G91　　B. 不应该用 G18

C. 不应该用 G94　　D. 不应该用 G02

2. 下列按钮或软键中，与按钮“SINGLE BLOCK”进行复选后有效的开关或按钮是（　　）。

A. “AUTO”　　B. “EDIT”　　C. “JOG”　　D. “HANDLE”

3. 加工中心刀柄一般采用7：24锥度的柄部，有 ISO、DIN、BT 等不同的标准。其中，BT 是（　　）的国家标准。

A. 中国　　B. 美国　　C. 日本　　D. 德国

4. FANUC 系统返回 Z 向参考点指令“G91 G28 Z0;”中的“Z0”是指（　　）。

A. Z 向参考点　　B. 工件坐标系 Z0 点

C. Z 向机床原点　　D. 当前刀具的刀位点

5. “G94 G90 G00 X0 Y0; G01 X30 Y40 F100;”，当执行上述 G01 指令时，在 X 轴方向刀具的移动速度为（　　）mm/min。

A. 100　　B. 60　　C. 80　　D. 40

6. 子程序调用格式“M98 P50010;”中的“10”代表(　　)。

A. 无单独含义　　B. 调用 10 次子程序

C. O10 子程序　　D. 程序段位置

7. 下列因素中，对切削加工后的表面粗糙度影响最小的因素是（　　）。

A. 切削速度 v_c　　B. 背吃刀量 a_p　　C. 进给量 f　　D. 切削液

8. 曲面的粗加工应优先选用（　　）。

A. 立铣刀　　B. 面铣刀　　C. 球头铣刀　　D. 成形铣刀

9. 用 ϕ16 mm 立铣刀按零件实际轮廓编程加工内轮廓，用刀具半径补偿保留 0.2 mm 的精加工余量，则在该刀具半径补偿存储器中设置的值为（　　）。

A. 16.2　　B. 15.8　　C. 7.8　　D. 8.2

三、判断题（正确的打“√”，错误的打“×”。每题 2 分，满分 20 分）

1. G04 是暂停指令，它只能使机床主轴停转。（　　）
2. 三爪卡盘、四爪卡盘都具有自定心作用。（　　）
3. 数控加工首先要编制好程序，然后根据程序选择合适的刀具进行加工。（　　）
4. 数控机床对刀具的要求是长的刀具寿命、高的交换精度和快的交换速度。（　　）
5. 采用压板装夹工件时，应使压板垫铁的高度略高于工件，以保证夹紧效果。（　　）
6. 数控机床零件的加工工艺路线是指切削过程中刀具的运动轨迹和运动方向。（　　）
7. 在加工 ZX 平面上的轮廓时应从 Y 轴方向切入和切出工件。（　　）
8. 不具备刀具半径补偿功能的数控机床，在加工工件时需要计算假想刀尖轨迹或刀具中心轨迹与工件轮廓尺寸的差值。（　　）
9. 机床原点就是机械零位，编程时必须考虑机床原点。（　　）
10. 轮廓加工中，在接近拐角处应适当减小铣削深度，以克服“超程”或“欠程”现象。（　　）

四、综合题（满分 12 分）

根据如下程序，在图 2-23 中画出刀具中心在 XY 平面内的走刀轨迹。

O002;

N10　G90　G94　G54　G40;

…

N30　G90　G00　X0　Y0;

N40　Y-30.0;　　(A)

```
N50   G91  G01  Y-30.0  F100;              (B)
N60   G02  X-30.0  Y-30.0  I-30.0;         (C)
N70   G90  G01  X-90.0  Y-30.0;            (D)
N80   G91  G01  X30.0  Y30.0;              (E)
N90   G03  X30.0  Y-30.0  R30.0;           (F)
N100  G01  X30.0;                          (G)
N110  G90  G00  X0  Y0;
…
N200  M30;
```

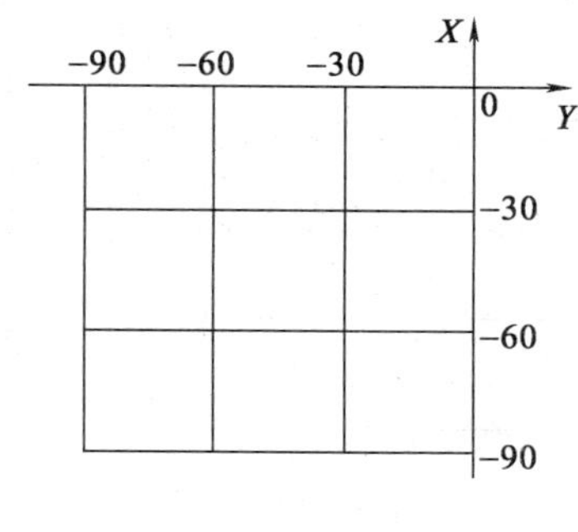

图 2-23

五、简答题（每题 5 分，满分 10 分）

1. 数控铣床常用刀具材料有哪些？

2. 切削用量的选用原则有哪些？

六、编程题（满分 20 分）

加工如图 2－24 所示工件内轮廓，已知毛坯尺寸为155 mm × 155 mm × 20 mm，材料为 45 钢，试利用子程序方式编写其数控铣削加工程序。

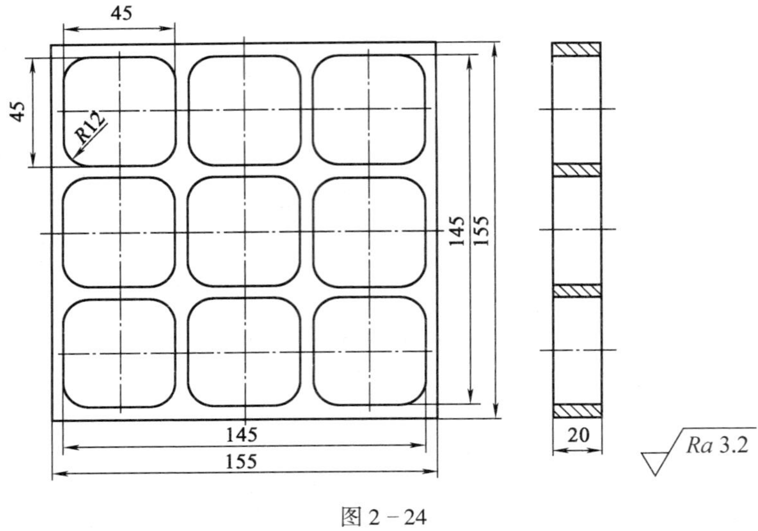

图 2－24

模块三　固定循环编程与孔加工

任务一　钻、锪与铰孔加工

一、填空题（将正确答案填写在横线上）

1. 用钻孔固定循环编程时，在 G91 方式中，*R* 值是指从____________________到________________的增量值，而 *Z* 值是指从________________到____________________的增量值。

2. 加工方法的选择原则是保证加工表面的________________和________________要求。

3. 常用的加工中心钻头有________________、________________和________________等。

4. 利用 G81 循环指令钻孔，当采用 G98 方式时，刀具首先在________________快速定位到指令中指定的________________位置，其次________________到 *R* 点平面，然后执行________________________到孔底平面，最后刀具______________________________，进行下一个孔的加工。

5. 加工深孔时，主要会出现________________、________________________和________________________等现象，易使________________和引起孔的轴线________，从而影响加工精度和生产率。

6. 在数控铣床及加工中心上能方便地加工出________________级精度的孔。

二、选择题（将正确答案的代号填写在括号内）

1. 执行程序段“G81　X30.0　Y20.0　Z－10.0　R5.0　F50.0；X－30.0；G01　Y－20.0；X0；”后，共加工出（　　）个孔。

A. 1　　B. 2　　C. 3　　D. 4

2. 采用固定循环进行孔系加工时，采用（　　）指令使刀具返回到初始平面。

A. G99　　B. G98　　C. G96　　D. G97

3. 利用钻孔固定循环编程时，在 G91 方式中，*R* 值是指从初始平面到（　　）的增量值。

A. *R* 点平面　　B. 孔底平面

C. 参考平面　　D. 安全平面

4. 工件需要进行锪孔或台阶孔加工时，通常采用的指令是（　　）。

A. G80　　B. G74

C. G82　　D. G88

5. 完成图 3－1 中孔的加工，最佳加工路线是（　　）。

A. O-1-2-3-P-6-5-4

B. O-1-6-5-2-3-4-P

C. O-1-2-3-4-5-6-P

D. P-6-1-2-5-4-3-O

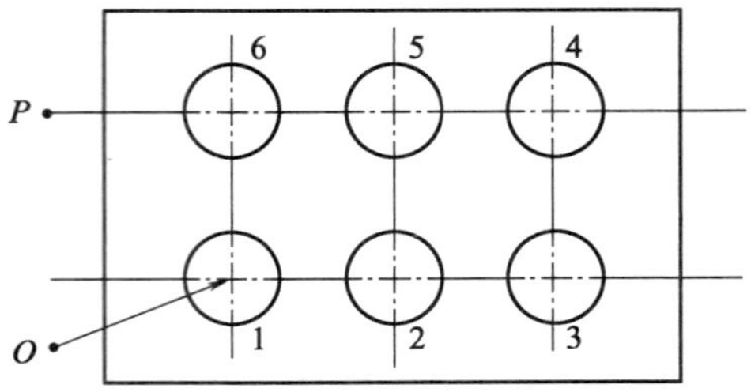

6. 在钻孔加工时，刀具自快进转为工进的高度平面称为(　　)。

A. 初始平面　　B. 抬刀平面

C. R 点平面　　D. 孔底平面

图 3－1

三、判断题（正确的打“√”，错误的打“×”）

1. 初始平面也称为 R 点平面。(　　)

2. 孔加工程序段“G82 X0 Y0 Z－10.0 R2.0 F30;”与“G81 X0 Y0 Z－10.0 R2.0 F30;”的功能是一致的，都能完成孔的加工。(　　)

3. 深孔是指孔深与孔直径之比大于 5 而小于 10 的孔。(　　)

4. 利用中心钻钻中心孔时，为避免中心钻折断，应取较低的主轴转速。(　　)

5. 检查孔的塞规可分通规和止规两种，测量时需联合使用。(　　)

6. 在孔系加工时，粗加工应选用最短路线的工艺方案，精加工应选用同向进给路线的工艺方案。(　　)

四、简答题

1. 试述孔加工固定循环的工作过程。

2. 试写出孔加工循环的通用编程格式并说明各参数的功能。

五、编程题

加工如图3－2所示工件，已知毛坯尺寸为ϕ50 mm×30 mm，材料为45钢，试利用孔加工固定循环指令编写其数控铣削加工程序。

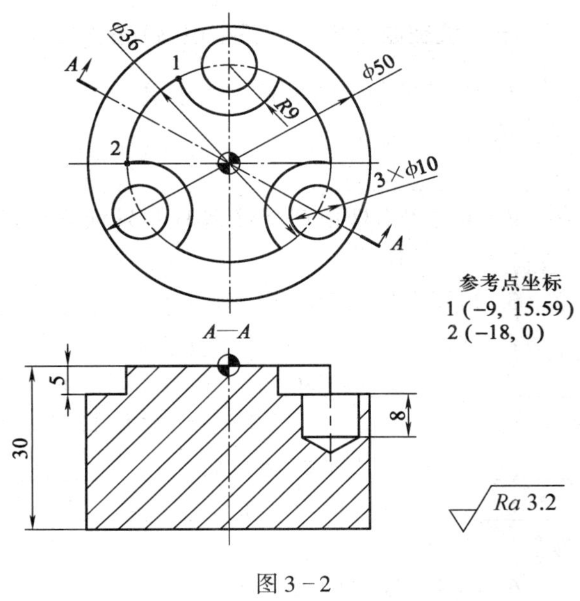

图3－2

任务二　镗孔与攻螺纹加工

一、填空题（将正确答案填写在横线上）

1. 为了减小切削过程中由于受____________________作用而产生的振动，粗镗钢件孔时，镗刀取主偏角为____________________，在加工铸铁孔或精镗时，镗刀取主偏角为____________________。

2. 粗镗刀刀杆顶部和侧部有两只锁紧螺钉，分别起____________________和____________________作用。

3. 精镗刀目前较多地选用________________________和________________________。

4. 丝锥由____________和工作部分组成，工作部分包括____________和____________。____________的前角为____________，后角铲磨成____________。

5. ________________指令为左旋螺纹攻螺纹循环指令。执行该循环指令时，主轴________，在 G17 平面定位后________________________________，执行攻螺纹，到达________________后，主轴____________退回到 R 点，主轴恢复________，完成攻螺纹动作。

6. 刚性攻螺纹中通常使用________________________，这种攻螺纹刀柄采用棘轮机构来带动丝锥，当攻螺纹转矩____________棘轮机构的转矩时，丝锥在棘轮机构中打滑，从而防止丝锥____________。

二、选择题（将正确答案的代号填写在括号内）

1. 镗削加工 ϕ50 mm 孔时，为了增加刀杆的刚度，镗刀杆的直径一般取（　　）mm。

A. 20　　B. 30　　C. 35　　D. 45

2. 加工 M10 的粗牙螺纹时，底孔应加工至（　　）mm 较为合适。

A. ϕ11　　B. ϕ10.2　　C. ϕ8.5　　D. ϕ9

3. 精镗刀刀头上往往带有刻度盘，每格刻线表示刀头的调整距离为（　　）mm。

A. 0.01　　B. 0.02　　C. 0.001　　D. 0.002

4. 加工螺纹时，应适当考虑其铣削开始时的导入距离，该值一般取（　　）较为合适。

A. 1 ~ 2 mm　　B. P（P 为螺距）

C. (2 ~ 3)P（P 为螺距）　　D. 5 ~ 10 mm

5. FANUC 系统中 G80 指令是指（　　）。

A. 镗孔循环　　B. 取消固定循环　　C. 反镗孔循环　　D. 攻螺纹循环

6. 在钢件上攻 M16 螺纹，底孔直径应加工至（　　）mm 较为合适。

A. 12.75　　B. 13.5　　C. 14　　D. 14.5

三、判断题（正确的打“√”，错误的打“×”）

1. 加工通孔时，往往选用正刃倾角的镗刀。（　　）

2. M20×1.5LH 是指螺距为 1.5 mm 的细牙普通右旋螺纹。 (　　)

3. G76、G87 循环指令可以根据需要选择 G98 或 G99 来进行编程。 (　　)

4. 在钻孔固定循环方式中，刀具长度补偿功能有效。 (　　)

5. 单刃镗刀与双刃镗刀相比，每转进给量可提高 1 倍左右，生产率高。 (　　)

6. 主轴准停的目的之一是便于减少孔系的尺寸分布误差。 (　　)

四、简答题

1. 如何控制精镗孔尺寸？

2. 简述螺纹的测量方法。

五、编程题

1. 欲在加工中心上完成如图 3－3 所示工件的孔加工，已知工件材料为 45 钢，试设定合理加工方案，编写数控铣削加工程序（除孔外其余部分已加工完成）。

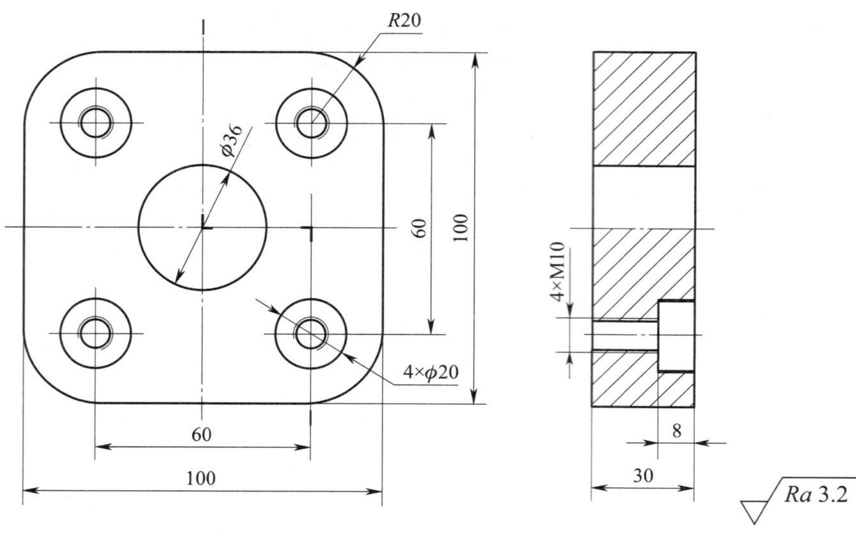

图 3 - 3

2. 加工如图 3 - 4 所示工件，已知毛坯尺寸为 ϕ100 mm × 23 mm，毛坯材料为 45 钢，试设定合理加工方案，编写数控铣削加工程序。

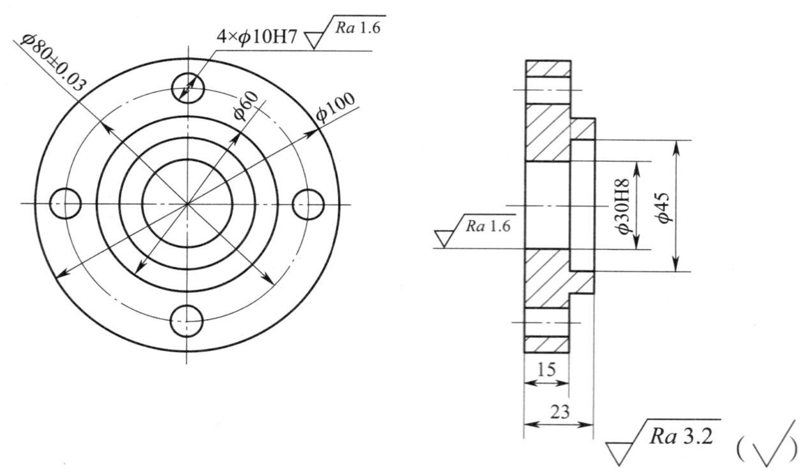

图 3 - 4

综合测试三

一、填空题（将正确答案填写在横线上）

1. G73 指令通过刀具 Z 轴方向的________________实现断屑动作。

2. 刀具在____________________的任意移动将不会与夹具、工件凸台等发生干涉。

3. 一般来说，对于直径在____________以上的螺纹，可采用螺纹镗刀镗削加工；对于直径在____________的螺纹，可采用攻螺纹的方法加工。

4. 锪孔加工的主要问题是____。

5. 采用量表或数显方式来显示测量数据的内卡钳可测出____________________级精度的孔。

6. 在铰孔后，发现孔成多边形，原因可能是____或________________________________。

7. 普通螺纹分____________________和________________两种。

8. 标准铰刀的加工精度可达________________，表面粗糙度可达__________________。

9. 铰刀的圆柱部分保证________________和便于测量，倒锥部分可减少________________________________和________________________________。

10. 利用麻花钻在加工中心上钻孔时，要求钻头的两切削刃必须有较高的刃磨精度，即________________________和____。

二、选择题（将正确答案的代号填写在括号内）

1. 程序段“G84 X100.0 Y100.0 Z－30.0 R10 F2.0；”中的“2.0”表示（　　）。

　A. 螺距　　B. 每转进给速度

　C. 进给速度　　D. 抬刀高度

2. “G90 G99 G83 X＿ Y＿ Z＿ R＿ Q＿ F＿ L＿；”中“Q＿”表示（　　）。

　A. 退刀高度　　B. 孔加工循环次数

　C. 孔底暂停时间　　D. 刀具每次进给深度

3. 钻精密孔时，钻头通常要磨出第二顶角，一般第二顶角的角度小于（　　）。

　A. 120°　　B. 90°　　C. 75°　　D. 60°

4. 深孔是指孔的深度与孔直径之比大于（　　）的孔。

　A. 2　　B. 3　　C. 5　　D. 12

5. 在数控铣床及加工中心上能方便地加工出（　　）级精度的孔。

　A. IT3～IT4　　B. IT7～IT9　　C. IT5～IT7　　D. IT9～IT12

6. M20×1.5LH 代表（　　）。

　A. 细牙普通螺纹，1.5 mm 螺距，左旋

　B. 粗牙普通螺纹，1.5 mm 螺距，左旋

C. 粗牙普通螺纹，1.5 mm 螺距，右旋

D. 细牙普通螺纹，1.5 mm 螺距，右旋

7. 标准麻花钻的顶角为（　　）。

A. 118°　　B. 120°　　C. 119°　　D. 117.5°

8. 钻孔加工中，孔壁粗糙的原因可能是（　　）。

A. 钻头角度不对　　B. 进给量过大

C. 对刀不正确　　D. 钻头两切削刃不对称

9. 加工通孔时，往往选用（　　）的镗刀。

A. 负刃倾角　　B. 刃倾角为零

C. 正刃倾角　　D. 根据具体情况而定

10. 丝锥切削部分的前角为（　　）。

A. 6°~8°　　B. 4°~10°　　C. 6°~10°　　D. 8°~10°

三、判断题（正确的打“√”，错误的打“×”）

1. 在孔系加工中，粗加工应选用最短进给路线的工艺方案，精加工也选用最短进给路线的工艺方案。（　　）

2. 固定循环中的孔底暂停是指刀具到达孔底后主轴暂时停止转动。（　　）

3. G85、G87 指令均可用于镗孔。（　　）

4. YG 类硬质合金中含钴量较高，其耐磨性较好，硬度较高。（　　）

5. 用键槽铣刀和立铣刀加工封闭沟槽时，均需事先钻好落刀孔。（　　）

6. 扩孔钻没有横刃。（　　）

7. 标准铰刀的切削部分为圆柱形，担负主要切削工作。（　　）

8. 单刃镗刀结构简单，适应性广，粗、精加工都适用。（　　）

9. 双刃镗刀的两端有一对对称的切削刃同时参加切削。（　　）

10. 刀具前角增大，切削力显著提高。（　　）

四、简答题

1. 试述深孔钻循环指令 G73 与 G83 的区别。

2. 在加工中心上攻螺纹，如何确定螺纹底孔直径？

五、编程题

1. 加工如图 3－5 所示工件，已知加工孔深 5 mm，毛坯尺寸为 125 mm × 115 mm × 15 mm，材料为 45 钢，试利用孔加工固定循环指令编写其数控铣削加工程序。

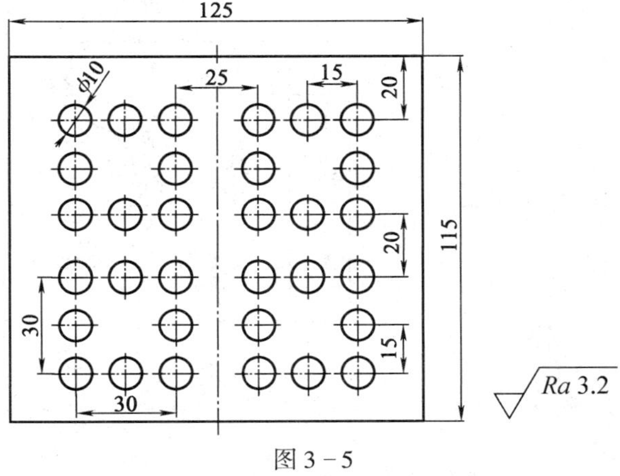

图 3－5

2. 加工如图 3－6 所示工件，已知毛坯尺寸为 120 mm × 80 mm × 20 mm，材料为 45 钢，试编写其外轮廓及孔加工程序。

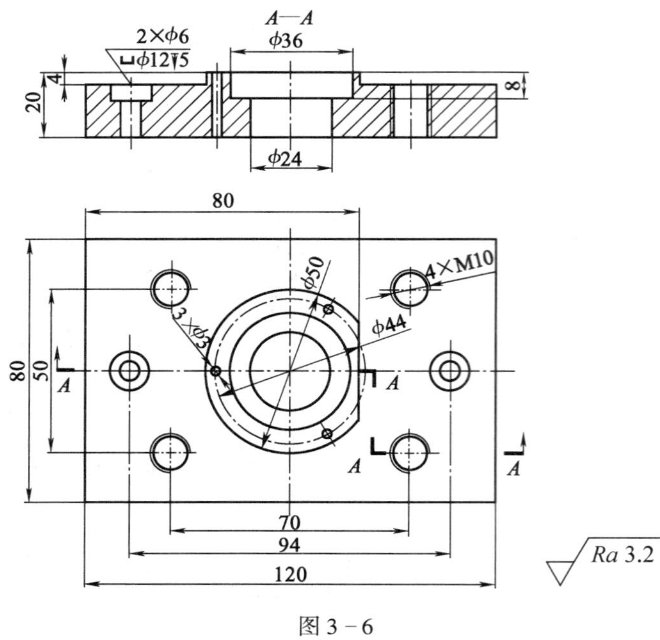

图 3－6

模拟试卷三

注意事项

1. 请仔细阅读题目，按要求答题；保持卷面整洁。

2. 考试时间为 120 min。

题号	一	二	三	四	五	六	总分	审核人
分数								

一、填空题（将正确答案填写在横线上。每题 2 分，满分 20 分）

1. *R* 点平面又称为________________，是刀具 *Z* 向进给时自________转为________的高度平面。

2. 使用固定循环进行孔加工时，刀具从孔底平面的返回有两种方式，利用________指令返回到 *R* 点平面，或利用________指令返回到初始平面。

3. G85 指令常用于____________和____________加工，也可用于____________加工。

4. 标准铰刀的校准部分的作用是______________、______________和______________。

5. M16 是____________普通螺纹，螺距是____________；M16×1.5 是____________普通螺纹，螺距是____________。

6. 攻螺纹前的底孔直径应________________螺纹小径，否则攻螺纹时由于挤压作用，很容易将丝锥折断。

7. 公称直径在________以下的螺纹，一般不在加工中心上采用攻螺纹的方法加工。

8. 在实体材料中加工孔的刀具有________________、________________和______________等，在钻孔直径较大时，采用________________比较经济。

9. 麻花钻导向部分的作用是导向、____________、____________和________________________。

10. 扩孔钻的________________，切削平稳，________________和生产率都比麻花钻高。

二、选择题（将正确答案的代号填写在括号内。每题 2 分，满分 20 分）

1. 下面不属于麻花钻导向部分的功能的是（　　）。

A. 修光　　B. 排屑　　C. 输送切削液　　D. 提高钻头刚度

2. 下列指令中能用于镗孔加工的指令是（　　）。

A. G82　　B. G84　　C. G85　　D. G73

3. 在（50，50）坐标点，钻一个深 10 mm 的孔，工件坐标系 *Z* 轴方向零点位于工件上表面，则指令为（　　）。

A. G85 X50.0 Y50.0 Z-10.0 R0 F50；

B. G81 X50.0 Y50.0 Z－10.0 R0 F50；

C. G81 X50.0 Y50.0 Z－10.0 R5.0 F50；

D. G83 X50.0 Y50.0 Z－10.0 R5.0 F50；

4. 一般情况下，（ ）的螺纹孔可在加工中心上采用攻螺纹的方法加工。

A. M6～M20　　B. M2～M6　　C. M40 左右　　D. M55 以上

5. 下列因素中，（ ）不能提高镗孔表面质量。

A. 减小进给量　　B. 提高切削速度

C. 正确选用切削液　　D. 减小刀尖圆弧半径

6. G89 与 G85 指令动作类似，不同的是 G89 指令在孔底增加了（ ）。

A. 暂停动作　　B. 主轴反转　　C. 主轴准停　　D. 主轴停

7. 下列因素中，（ ）不会造成钻孔成多边形或孔位偏移。

A. 钻头角度不对　　B. 进给量过大

C. 对刀不正确　　D. 钻头两切削刃不对称

8. 为了增加镗刀杆的刚度，通常情况下，加工直径小于30 mm的孔时，镗刀杆直径取孔径的（ ）。

A. 0.6～0.7　　B. 0.7～0.8　　C. 0.8～0.9　　D. 0.5～0.6

9. 利用单刃镗刀粗镗钢件孔时，主偏角取（ ）。

A. 60°～80°　　B. 60°～75°　　C. 90°　　D. 15°～30°

10. 标准扩孔钻一般有（ ）条主切削刃。

A. 6～8　　B. 2　　C. 5　　D. 3～4

三、判断题（正确的打"√"，错误的打"×"。每题 2 分，满分 20 分）

1. 铰孔至孔底退刀时，不允许铰刀倒转。（ ）

2. 测量零件时准确度高，则该零件的精确度也高。（ ）

3. 加工盲孔时，一般选择正刃倾角的镗刀，以便于排屑。（ ）

4. 采用数控系统的固定循环指令进行孔加工编程可实现简化编程的目的。（ ）

5. 固定循环动作中的主轴准停是指刀具到达孔底后主轴暂时停止转动。（ ）

6. G83 指令中每次间歇进给后的退刀量 d 值，由 G83 指令中的 Q 指定。（ ）

7. 固定循环在 G17 平面内的定位是在 X、Y 轴方向上的定位，在 G18 平面内的定位是在 Z、X 轴方向上的定位。（ ）

8. 在开环和半闭环数控机床上，定位精度主要取决于进给丝杠的精度。（ ）

9. 在镗孔时，若镗刀的刀尖圆弧太小，会降低所加工孔的表面质量。（ ）

10. 程序的执行是按程序段号数值的大小顺序来执行的，程序段号数值小的先执行，大的后执行。（ ）

四、综合题（满分 10 分）

加工如图 3－7 所示工件，已知毛坯尺寸为 80 mm×80 mm×25 mm，材料为 45 钢，其加工程序如下，试在不完整的地方添加内容。

O0001；（ϕ11 mm 孔加工）

```
N10   G90  G94  G80  G21  G17  G54  G40;
N20   G91  G28  Z0;
N30   ____________;
N40   M03  ____  M08;
N50   ____  ____  X-30.0  Y30.0  ______  R5.0  F100;
N60   X30.0  Y30.0;
N70   X30.0  Y-30.0;
N80   X-30.0  Y-30.0;
N90   G80  M09;
N100  G91  G28  Z0;
N110  M30;
```

O002;（ϕ42 mm 孔的精加工）

```
N10   G90  G94  G80  G21  G17  ____  G40;
N20   G91  G28  Z0;
N30   ____________;
N40   M03  S800  M08;
N50   G99  ____  X0  Y0  ____  R5.0  ____  ____  F60;
N60   G80  M09;
N70   G91  G28  Z0;
N80   M30;
```

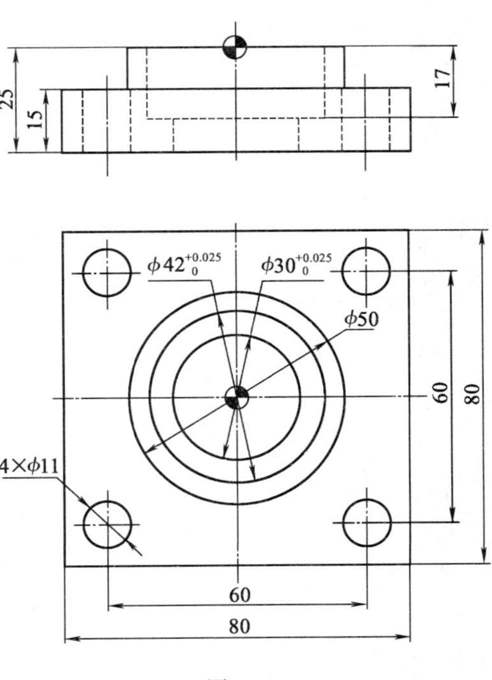

图 3-7

五、简答题（每题 5 分，满分 10 分）

1. 镗孔时，如何解决镗刀杆的刚度问题？

2. G86 与 G76 指令有何区别？

六、编程题（满分 20 分）

加工如图 3－8 所示工件，已知毛坯尺寸为125 mm×120 mm×30 mm，材料为45 钢，试利用孔加工固定循环指令编写其数控铣削加工程序。

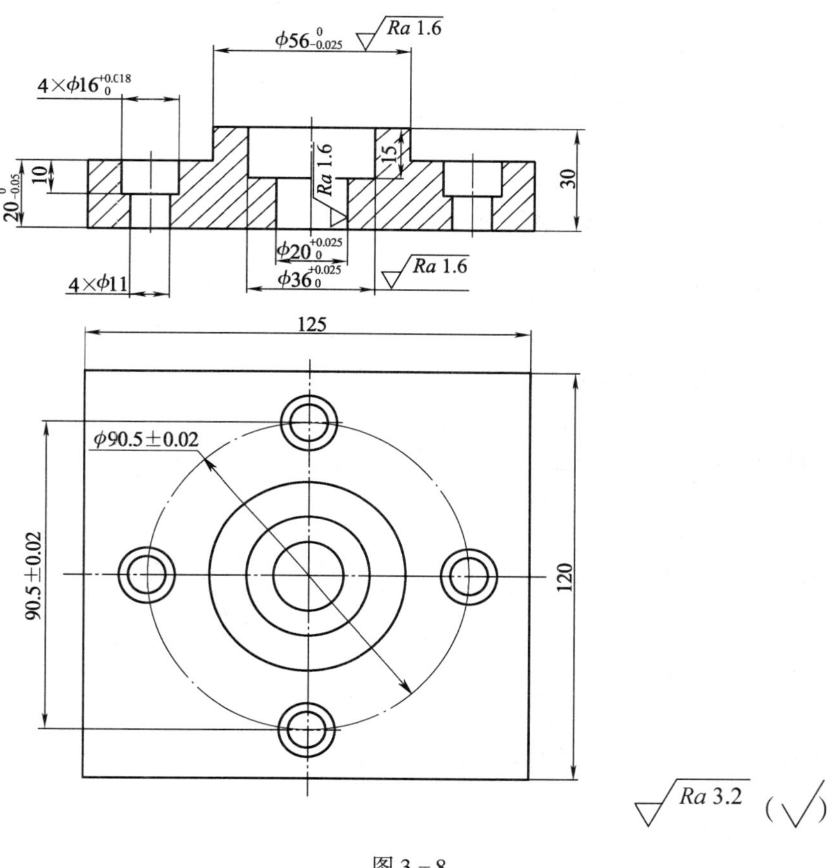

图 3－8

模块四　中级综合训练

任务一　数控铣床/加工中心中级工综合练习（一）

一、填空题（将正确答案填写在横线上）

1. 加工中心自动换刀过程包括____________和____________两个基本动作。

2. 工件的加工过程一般可划分为四个阶段，即____________、____________、____________和____________。

3. 工序的划分原则有____________和____________。

4. 工序的划分方法有____________、____________、____________和____________四种。

5. 工步划分的要点是____________、____________和____________三不变。

6. 刀具补偿分为____________与____________。其中，____________为刀具长度右补偿，____________为刀具半径左补偿。

二、选择题（将正确答案的代号填写在括号内）

1. 在 FANUC 系统中，M06 不包括（　　）动作。

A. 返回换刀点　　B. 切削液关

C. 主轴准停　　D. 建立刀具补偿

2. FANUC 系统用以实现主轴准停的指令为（　　）。

A. M18　　B. M19　　C. M00　　D. M05

3. 当前刀具在未执行刀具长度补偿时位于工件坐标系 Z20.0，H01 = 20.0；执行程序段“G43 G01 Z－50.0 H01 F100;”后，刀具位于工件坐标系的（　　）位置。

A. Z－50.0　　B. Z－40.0　　C. Z－30.0　　D. Z－20.0

4. 当前刀具在未执行刀具长度补偿时位于工件坐标系 Z20.0，H01 = －20.0；执行程序段“G44 G01 Z50.0 H01 F100;”后，刀具的实际运动量为（　　）。

A. Z50.0　　B. Z40.0　　C. Z20.0　　D. Z30.0

5. 对铸造成型的毛坯进行加工时，以下（　　）工序安排方法是不正确的。

A. 粗、精加工安排在同道工序中，工件装夹一次，连续完成粗、精加工

B. 粗、精加工安排在同道工序中，但在粗加工后松开工件，再用较小的夹紧力夹紧工件，进行精加工

C. 粗、精加工安排在不同的工序中

D. 在粗加工后进行时效处理，再进行精加工

6. 下列因素中，除（ ）以外，其余三个都会引起加工中心刀具交换过程中的掉刀。

A. 换刀时主轴没有回到换刀点　　B. 空气压力过高

C. 换刀点漂移　　D. 机械手抓刀时没有到位，就开始拔刀

三、判断题（正确的打“√”，错误的打“×”）

1. 在加工中心上采用自动换刀时，主轴必须先 Z 向返回参考点后，才能进行刀具的选择。（ ）

2. 对于不带机械手换刀的加工中心可采用指令“M06 T07;”进行两次刀具交换，从而将07号刀具装入主轴，作为当前加工刀具。（ ）

3. 程序段“M06 T07;”与“T07 M06;”的执行过程是一致的。（ ）

4. 带机械手换刀的加工中心与不带机械手换刀的加工中心相比，它们的换刀过程是一致的，都是选择刀具，进行刀具交换，跟程序无关。（ ）

5. 系统规定所有轴都可采用刀具长度补偿，但同时规定刀具长度补偿只能对一个轴有效。（ ）

6. 对于箱体、支架类零件，一般先加工平面，再加工孔和其他尺寸。（ ）

四、简答题

1. 刀具长度补偿的应用有哪些？

2. 加工顺序的安排原则有哪些？

五、编程题

加工如图 4 - 1 所示工件，已知毛坯尺寸为120 mm×120 mm×30 mm，材料为45 钢，试编写其数控铣削加工程序。

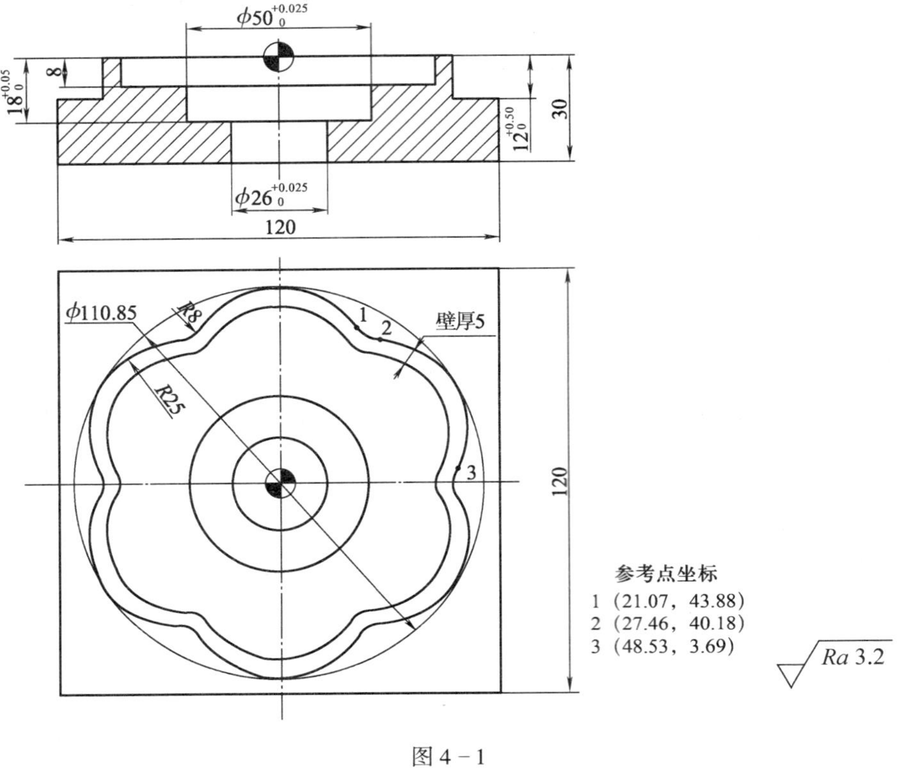

图 4 - 1

任务二　数控铣床/加工中心中级工综合练习（二）

一、填空题（将正确答案填写在横线上）

1. 规定零件制造工艺过程和操作方法等的工艺文件称为____________________。

2. ____________是机床操作人员在加工前调整机床的数据。它主要包括____和____两部分。

3. 在企业中常用的数控工艺文件包括____、____、____、____和____等。

4. ____主要包括数控加工工序的技术要求、工序说明、编程前工件余量等内容。

5. 加工中心____详细记录了每一把数控刀具的________________、________________、________________、组合件名称代号、________________和____________等。它是组装刀具和调整刀具的依据。

二、选择题（将正确答案的代号填写在括号内）

1. 根据加工中心国家职业标准的规定，加工中心中级操作工的技能操作考核时间应不少于（　　）min。

A. 240　　B. 300　　C. 360　　D. 420

2. 用于反映数控加工中使用的辅具、刀具规格、切削用量参数、切削液、加工工步等内容的工艺文件是（　　）。

A. 编程任务书　　B. 数控加工工序卡
C. 数控加工刀具调整单　　D. 数控机床调整单

3. 中级数控铣工/加工中心操作工加工孔类零件时，尺寸公差等级应达（　　）级，几何公差等级应达（　　）级，表面粗糙度应达（　　）μm。

A. IT7　IT8　*Ra*3.2　　B. IT6　IT8　*Ra*1.6
C. IT5　IT8　*Ra*3.2　　D. IT7　IT9　*Ra*3.2

4. 以下内容中，（　　）不是加工中心数控刀具卡片记录的。

A. 刀具编号　　B. 尾柄规格
C. 刀片型号　　D. 刀具切削用量

5. （　　）是调整刀具参数输入的主要依据。

A. 数控加工工序卡　　B. 数控刀具卡片
C. 数控刀具明细表　　D. 数控机床调整单

6. 数控加工工序卡与普通加工工序卡的不同之处在于（　　）。

A. 切削用量　　B. 在工序简图中注明编程原点与对刀点

C. 工步内容　　D. 夹具名称

三、判断题（正确的打“√”，错误的打“×”）

1. 数控加工刀具调整单主要用来说明零件的加工顺序。（　）
2. 在数控机床上只加工零件的一个工步时，可以不填写工序卡。（　）
3. 当工件的定位基准与工序基准重合时，可以防止基准不重合误差的产生。（　）
4. 划分工步的主要依据是工人、工件及工作地点三不变。（　）
5. 加工工件时，用以定位的依据与对加工表面提出要求的依据相重合，称为基准重合。（　）
6. 数控刀具明细表是调整刀具参数输入的主要依据。（　）

四、简答题

1. 数控刀具调整单包括哪些内容？

2. 数控加工程序单包括哪些内容？

五、编程题

加工如图 4－2 所示工件 1、工件 2，已知毛坯尺寸分别为 ϕ110 mm×26 mm、ϕ110 mm×20 mm，材料为 45 钢，试编写其数控铣削加工程序。

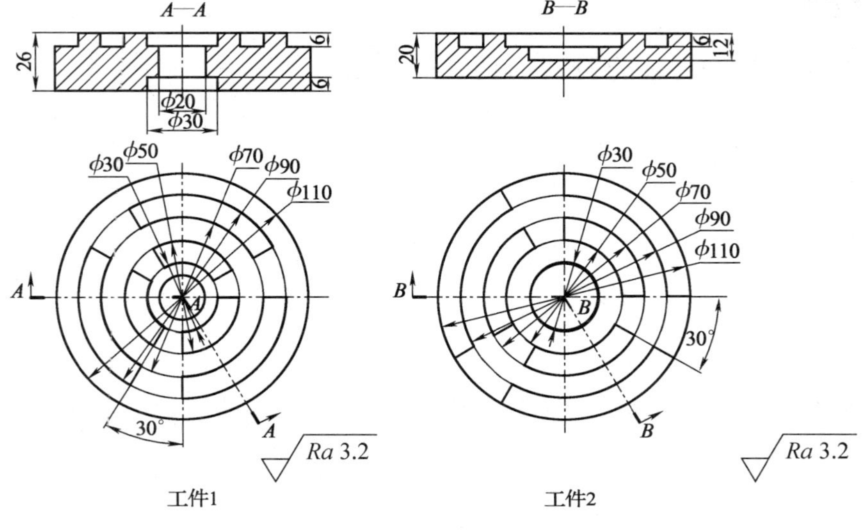

图 4－2

任务三　数控铣床/加工中心中级工综合练习（三）

一、简答题

1. 分析零件图样具体包括哪些方面的内容？

2. 零件加工时，同一表面依据具体条件不同可采取不同的加工方法，如何选择加工方法？

3. 根据数控铣中级工加工零件特点，说明零件数控铣削加工工艺制定步骤。

二、编程题

加工如图 4－3 所示工件，已知毛坯尺寸为 80 mm×80 mm×25 mm，毛坯材料为 45 钢，试分析其数控铣削加工工艺过程并编写其数控铣削加工程序。

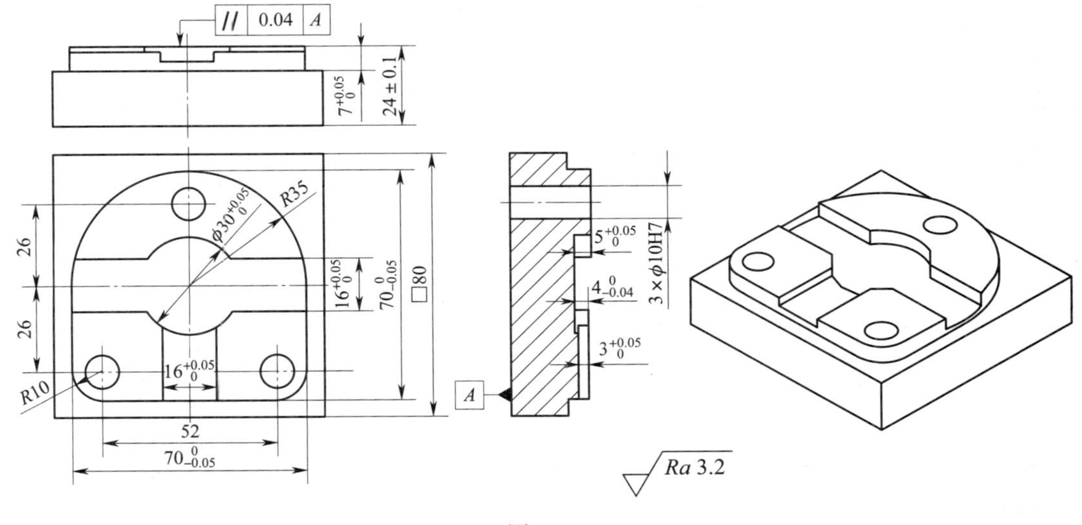

图 4－3

（1）读零件图样，明确加工内容（表面）及加工要求，完成表 4－1 的填写。

表 4－1

序号	分析图样	获取信息
1	零件材料	
2	毛坯尺寸	
3	加工内容（表面）	
4	尺寸精度	
5	几何精度	
6	表面粗糙度	

（2）确定加工方法、夹紧方案、刀具及加工顺序，完成表 4－2 的填写。

表 4－2

序号	加工内容	刀具号	刀具名称与规格	刀具材料

（3）合理选用切削用量，完成表 4－3 的填写。

表 4－3

加工内容	切削速度/（m/min）	每齿进给量/（mm/z）	铣削深度/mm	铣削宽度/mm

（4）制定数控铣削加工工序，完成表 4－4 的填写。

表 4－4

工步号	工步内容（加工面）	刀具号	主轴转速/（r/min）	进给速度/（mm/min）	铣削深度/mm	铣削宽度/mm	备注

（5）编制加工程序。

（6）填写工具、量具、刃具、辅具、耗材领用清单，见表4－5。

表4－5

项目	名称	规格	数量	备注

综合测试四

一、填空题（将正确答案填写在横线上）

1. 中级数控铣工/加工中心操作工利用加工程序进行孔类零件加工时，要求尺寸公差等级达__________级，几何公差等级达__________级，表面粗糙度达__________ μm。

2. 工艺规程的内容包括____________________、____________________、____________________和____________________。

3. ____________________是说明加工顺序和加工要素的文件，____________________是刀具使用的依据。

4. 数控刀具调整单主要包括____________________和____________________

两部分。

5. 机床调整单包括＿＿＿＿＿＿＿＿＿＿＿＿＿＿＿＿＿＿＿＿＿＿＿＿＿＿＿＿＿＿＿＿＿＿＿＿＿＿和＿＿＿＿＿＿＿＿＿＿＿＿＿＿＿＿＿＿＿＿＿＿＿＿＿＿＿＿＿＿＿＿＿＿＿＿＿＿＿两部分。

6. ＿＿＿＿＿＿＿＿＿＿＿＿＿＿＿＿＿＿＿＿是调整刀具参数输入的主要依据。

7. ＿＿＿＿＿＿＿＿＿＿＿＿＿＿＿＿＿＿＿＿＿＿＿＿＿＿＿＿＿＿＿＿＿＿＿＿＿＿表明了数控加工工件的定位方法和夹紧方法，同时标明了工件零点设定的位置和坐标方向，使用夹具的名称和编号。

8. ＿＿＿＿＿＿＿＿＿＿＿＿＿＿＿＿＿＿＿＿主要用于反映所使用的辅具、刀具规格、切削用量参数、切削液、加工工步等内容，它是操作人员配合数控程序进行数控加工的主要指导性工艺资料。

9. 一个人或一组工人，在同一个工作地点对同一个或同时对几个工件所连续完成的那部分加工过程称为＿＿＿＿＿＿＿＿。

二、选择题（将正确答案的代号填写在括号内）

1. 程序段“G00 G01 G02 G03 X50.0 Y70.0 R30.0 F70;”最终执行（ ）指令。

A. G00　　B. G01

C. G02　　D. G03

2. 符号（ ）的意义为“复位”。

A.“DEL”　　B.“COPY”

C.“RESET”　　D.“AUTO”

3. 下列刀具材料中，硬度最大的是（ ）。

A. 高速钢　　B. 立方氮化硼

C. 涂层硬质合金　　D. 陶瓷

4. 刀具的选择主要取决于工件的结构、工件的材料、工序的加工方法和（ ）。

A. 设备　　B. 加工余量

C. 加工精度　　D. 工件被加工表面的表面粗糙度

5. 在加工表面、刀具、切削速度和进给量都不变的情况下，所连续完成的那部分工艺过程称为（ ）。

A. 工步　　B. 工序

C. 工位　　D. 进给

6. 在 FANUC 系统的刀具补偿模式下，一般不允许存在连续（ ）段以上的非补偿平面内移动指令。

A. 1　　B. 2

C. 3　　D. 4

7. 在数控机床上铣一个正方形外轮廓零件，如果使用的铣刀直径比原来小 1 mm，则加工后正方形的实际尺寸比要求的加工尺寸（ ）mm。

A. 小 2　　B. 小 0.5

C. 大 2　　D. 大 0.5

8. 刀具磨损补偿值应输入到系统（ ）中去。

A. 刀具参数　　B. 刀具坐标
C. 程序　　D. 坐标系

9. 程序复制的符号为（　　）。
A. DEL　　B. COPY
C. MON　　D. AUTO

10. 下列属于非金属材料剖面符号的是（　　）。

A.　　B.　　C.　　D.

11. 在 *XY* 平面上，某圆弧圆心为（0，0），半径为 80 mm，如果需要刀具从（80，0）点沿该圆弧到达（0，80）点，则程序指令为（　　）。
A. G02 X0 Y80.0 I80.0 F300;
B. G03 X0 Y80.0 I-80.0 F300;
C. G02 X80.0 Y0 J80.0 F300;
D. G03 X80.0 Y0 J-80.0 F300;

12. 在 *XY* 平面上，某圆弧圆心为（0，0），半径为 80 mm，如果需要刀具从（80，0）点沿该圆弧到达（0，-80）点，则程序指令为（　　）。
A. G03 X80.0 Y0 R80.0 F300;
B. G02 X0 Y-80.0 R80.0 F300;
C. G03 X80.0 Y0 F300;
D. G02 X0 Y-80.0 F300;

13. 数控机床在运行时的环境温度应低于(　　)℃。
A. 45　　B. 30　　C. 50　　D. 60

14. 数控机床的环境相对湿度不应超过（　　）。
A. 90%　　B. 50%　　C. 70%　　D. 60%

15. 加工中心与数控铣床和数控镗床的主要区别是（　　）。
A. 是否有自动排屑装置　　B. 是否有刀库和换刀机构
C. 是否有自动冷却装置　　D. 是否具有三轴联动功能

16. 刀具补偿包括长度补偿和（　　）补偿。
A. 径向　　B. 半径
C. 轴向　　D. 以上均错

17. 在编程中，为使程序简洁，减少出错几率，提高编程工作的效率，总是希望以（　　）的程序段数实现对零件的加工。
A. 最少　　B. 较少
C. 较多　　D. 最多

18. 夹具中的（　　）装置，用于保证工件在夹具中的既定位置在加工过程中不变。
A. 定位　　B. 夹紧
C. 辅助　　D. 以上均错

19. 切削温度是指（　　）的平均温度。

A. 切削区域　　B. 工件

C. 切屑　　D. 刀具

20. 外径千分尺用于测量工件的（　　）。

A. 外径尺寸　　B. 台阶轴的同轴度

C. 外径的直线度　　D. 以上均错

三、判断题（正确的打“√”，错误的打“×”）

1. 机械加工的工艺过程是由一系列的工步组合而成的，毛坯依次通过这些工步而变为成品。（　　）

2. 铣床导轨在垂直平面内的误差对铣削加工造成的影响非常小。（　　）

3. 毛坯上增加的工艺凸台是为了便于装夹。（　　）

4. 定期检查和清洗润滑系统，添加或更换油脂、油液，使丝杠、导轨等运动部件保持良好的润滑状态，目的是降低机械的磨损速度。（　　）

5. 切削速度越高，则切屑带走的热量比例也越高，要减少工件热变形，可采用高速切削。（　　）

6. 脆性材料因易崩碎，故可以进行大进给量切削。（　　）

7. 切削用量三要素是指切削速度、背吃刀量和进给量。（　　）

8. 模具铣刀就是立铣刀。（　　）

9. “N100 G00 X0 Y0；N110 G02 X20.0 Y20.0 R8.0 F100;”是一个正确的程序段。（　　）

10. 鼓形铣刀端面无切削刃，其主要用于对变斜角面的近似加工。（　　）

11. 手动返回参考点时，返回点离参考点太近会出现机床超程等报警。（　　）

12. 一台数控机床可以同时加工多个相同的工件，也可同时加工多个工序的不同工件。（　　）

13. 数控机床加工质量较好的原因是数控机床的坐标进给运动分辨率可以达到 0.01 mm，甚至更小。（　　）

14. 所有的 F、S、T 代码均为模态代码。（　　）

15. 数控机床采用多把刀具加工工件时，只需对第一把刀进行对刀建立工件坐标系即可。（　　）

16. 划分加工阶段，有利于合理利用设备并提高生产率。（　　）

17. 所有工件的机械加工都经过粗加工、半精加工、精加工和光整加工四个加工阶段。（　　）

18. 在加工中心上同时完成铣端面与铣外圆表面，这种工作是两个工序。（　　）

19. 在一次装夹中，加工表面、切削刀具和切削用量都不变的情况下所进行的那部分加工称为工步。（　　）

20. 刀具长度补偿存储器中的偏置值只可以是正值。（　　）

21. G 指令一般由地址符 G 和后面的两位数字组成，例如 G00，但也有的系统由三位数字组成，如 G451。（　　）

22. 立铣刀的主切削刃一般为螺旋齿，这样可以增加切削的平稳性，提高加工精度。（　　）

23. 数控加工工件安装、零点设定卡片表明了数控加工工件的定位方法和夹紧方法，同时标明了工件零点设定的位置和坐标方向、使用夹具的名称和编号。（　　）

24. 数控机床常用的插补为直线与圆弧插补。（　　）

25. 粗加工时，限制进给量的是切削力；精加工时，限制进给量的是表面粗糙度。（　　）

26. 指状铣刀是成形铣刀的一种。（　　）

27. 后角越大，刀具磨损越严重。（　　）

28. 积屑瘤有利于减少刀具磨损，但降低了表面质量。（　　）

29. 绝对编程指令 G90 与相对编程指令 G91 相比更能提高加工精度。（　　）

30. M99 与 M30 指令的功能是一致的，它们都能使机床停止一切动作。（　　）

31. G19 表示 *ZX* 平面。（　　）

32. 在自动加工的空运行状态下，刀具的移动速度与程序中指令的进给速度无关。（　　）

33. 执行 G92 指令时，不会使机床产生任何运动，但会使机床屏幕显示的工件坐标系值发生变化。（　　）

34. 所有数控机床加工程序的结构均由引导程序、主程序及子程序组成。（　　）

35. 刀具长度补偿有刀具长度正补偿、刀具长度负补偿之分。（　　）

36. 辅助功能指令用于指定数控机床中辅助装置的动作。（　　）

37. 数控机床伺服系统的作用是把来自数控装置的脉冲信号转换成机床移动部件的运动。（　　）

38. FANUC 系统的程序注释需用“//”标注，且应放在程序段最后。（　　）

39. 数控装置发出的一个进给脉冲所对应的机床坐标轴的位移量，称为数控机床的最小移动单位，亦称脉冲当量。（　　）

40. 所有系统在同一机床中的程序号不能重复。（　　）

41. 准备功能字 G 代码主要用来控制机床主轴的启停、切削液的开关和工件的夹紧与松开等机床准备动作。（　　）

42. G03 与 G04 是同组代码。（　　）

43. 只有在 MDI 或 EDIT 方式下，才能进行程序的输入操作。（　　）

44. 机床返回参考点后，如果按下紧急停止按钮，机床返回参考点指示灯将熄灭。（　　）

45. 在数控机床上加工工件时，加工路线只和加工效率有关，与工件的加工精度和表面粗糙度无关。（　　）

46. 在进行工件的轮廓加工中，应避免进给停顿，否则刀具会在进给停顿处留下刀痕。（　　）

47. 端面中心处无切削刃的普通立铣刀不能做轴向进给加工。（　　）

48. 子程序的调用可通过指令 M99 执行。（　　）

49. 在切削有硬皮的铸锻件时，应尽量使铣削深度大于硬皮层的厚度，以保护刀尖。（　　）

四、简答题

1. 工序与工步的区别有哪些？

2. 划分加工阶段的目的是什么？

五、编程题

1. 加工如图 4 - 4 所示工件，已知毛坯尺寸为 230 mm × 160 mm × 30 mm，毛坯材料为 45 钢，试列出所用刀具，说明加工顺序，编写其数控铣削加工程序。

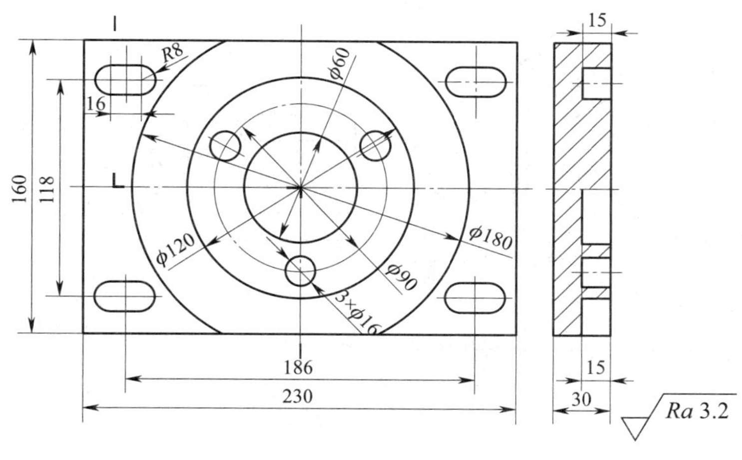

图 4 - 4

2. 加工如图 4－5 所示六角块工件，已知毛坯尺寸为 $\phi84$ mm × 53 mm，材料为 45 钢，试编写其数控铣削加工程序。

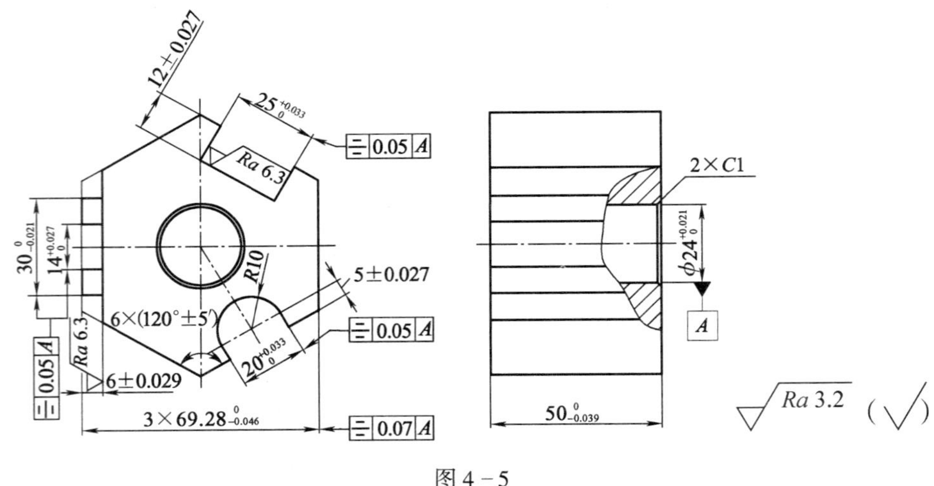

图 4－5

模拟试卷四

注意事项

1. 请仔细阅读题目，按要求答题；保持卷面整洁。
2. 考试时间为 120 min。

题号	一	二	三	四	五	六	总分	审核人
分数								

一、填空题（将正确答案填写在横线上。每空格 1 分，满分 10 分）

1. 小孔钻削加工中，为了保证加工质量，关键问题是解决钻孔过程中的__________和__________。

2. 立铣刀的主切削刃一般为__________，这样可以增加切削的平稳性，提高加工精度。

3. 高速切削塑性金属材料时，若没有采取适当的断屑措施，则易形成__________切削。

4. 设置工件原点的作用是使__________与__________相重合。

5. G 功能指令分若干组指令群，有__________和__________之分。

6. 加工顺序的确定原则是：__________，__________，先粗后精，先主后次。

二、选择题（将正确答案的代号填写在括号内。每题 0.5 分，满分 20 分）

1. 下列特点中，（　　）不是数控加工的特点。

A. 自适应性好　　　　B. 加工效率高

C. 自动化程度高　　　　D. 加工精度一致性好

2. 加工中心的刀具可通过（　　）自动调用和更换。

A. 刀架　　　　B. 对刀仪

C. 刀库　　　　D. 换刀机构

3. 工件的最终轮廓加工应安排在最后一次走刀连续加工，其目的主要是保证工件的（　　）要求。

A. 尺寸精度　　　　B. 表面粗糙度

C. 形状精度　　　　D. 位置精度

4. 下列按钮中，用于机床空运行的按钮是（　　）。

A. SINGLE BLOCK　　　　B. MC LOCK

C. OPT STOP　　D. DRY RUN

5. 刀具在轮廓拐角处“超程”的原因是刀具在轮廓拐角处（　　）。

A. 没加刀具半径补偿　　B. 进给速度过大

C. 铣削深度过大　　D. 切削速度过大

6. 编写圆弧加工程序，当圆弧所对应的圆心角（　　）180°时，该圆弧半径 R 取负值。

A. 大于　　B. 小于

C. 大于或等于　　D. 小于或等于

7. 数控系统中 PLC 程序用以实现机床的（　　）。

A. 位置控制　　B. 各执行机构的逻辑顺序控制

C. 插补控制　　D. 各进给轴轨迹和速度控制

8. 刀具磨钝标准通常都按（　　）的磨损值来制定。

A. 月牙洼深度　　B. 前面

C. 后面　　D. 刀尖

9. 通常，切削温度随着切削速度的提高而升高，当切削速度提高到一定程度后，切削温度将随着切削速度的进一步升高而（　　）。

A. 开始降低　　B. 继续升高

C. 保持恒定不变　　D. 开始降低，然后趋于平稳

10. 人造金刚石刀具不适合加工（　　）材料。

A. 铁族元素　　B. 铝硅合金

C. 硬质合金　　D. 陶瓷

11. 加工精度与表面粗糙度是指在正常的生产条件下，工件加工后所能达到的公差等级与表面粗糙度参数值。所谓正常的生产条件是（　　）。

A. 完好的设备

B. 必需的刀具和适当质量的夹具

C. 熟练的操作工人和合理的工时定额

D. 以上均是

12. 国标规定标准公差用 IT 表示，划分为（　　）。

A. 20 个等级，表示为：IT1，IT2，…，IT20

B. 20 个等级，表示为：IT01，IT02，IT1，IT2，…，IT18

C. 18 个等级，表示为：IT1，IT2，…，IT18

D. 18 个等级，表示为：IT01，IT0，IT1，IT2，…，IT16

13. （　　）是指在一定的生产条件下，生产一件产品所需的时间。

A. 工序时间定额　　B. 加工节拍

C. 劳动生产率　　D. 生产时间定额

14. 数控机床配置的自动测量系统可以测量工件的坐标系、工件的位置度以及（　　）。

A. 表面粗糙度　　B. 圆柱度

C. 尺寸精度　　D. 机床的定位精度

15. （　　）夹紧机构不仅结构简单、容易制造，而且自锁性能好、夹紧力大，是夹具上用得最多的一种夹紧机构。

A. 斜楔形　　B. 螺旋　　C. 偏心　　D. 铰链

16. 适合用自动编程加工的零件是（　　）的零件。

A. 计算方便　　B. 批量大　　C. 形状简单　　D. 曲面形状

17. 下列程序名不正确的是（　　）。

A. O1　　B. O0002　　C. O20000　　D. O2

18. 通常（　　）可由数控系统自动生成。

A. 程序段号　　B. G 代码　　C. M 代码　　D. F 代码

19. ISO 标准规定增量尺寸方式的指令为（　　）。

A. G90　　B. G91　　C. G92　　D. G93

20. 进给功能字 F 后的数字表示（　　）。

A. 每分钟进给量（mm/min）　　B. 每秒钟进给量（mm/s）

C. 每转进给量（μm/r）　　D. 螺纹螺距

21. 数控机床有许多不同的运动形式，因此需要考虑工件与刀具的相对运动关系及坐标系方向，编写程序时，采用（　　）的原则编写程序。

A. 刀具固定不动，工件移动

B. 工件固定不动，刀具移动

C. 分析机床运动关系后再根据实际情况

D. 不能确定时，不能编程

22. 辅助功能 M03 指令表示（　　）。

A. 程序停止　　B. 切削液开

C. 主轴停止　　D. 主轴顺时针转动

23. 不要用（　　）的手去触摸开关，否则会遭受电击。

A. 干燥　　B. 潮湿　　C. 干净　　D. 戴手套

24. 能模仿人类专家进行思维与决策的系统是（　　）系统。

A. 自动型　　B. 交互型　　C. 智能型　　D. 以上均错

25. 下列铣刀中可以做轴向进给加工的铣刀是（　　）。

A. 立铣刀　　B. 面铣刀　　C. 键槽铣刀　　D. 鼓形铣刀

26. 下列指令中，（　　）不能用以设定加工平面。

A. G18　　B. G20　　C. G17　　D. G19

27. 下列指令中，（　　）不能用以取消刀具补偿。

A. G49　　B. G40　　C. H00　　D. G42

28. 偏置量可设定值的范围为（　　）mm。

A. −99.999 ~ 99.999　　B. −999.999 ~ 999.999

C. 0 ~ 999.999　　D. −999.999 ~ 0

29. 选择 *XY* 平面由（　　）指令执行。

A. G17　　B. G18　　C. G19　　D. G20

30. 取消刀具半径补偿的指令为（　　）。

A. G49　　B. G44　　C. G40　　D. G43

31. 平面的切换必须在（　　）方式中进行。

A. 偏置　　B. 偏置或取消偏置
C. 取消偏置　　D. 以上均不是

32. 下列操作中，（　　）不能用以建立机床坐标系。
A. 复位　　B. 原点复归
C. 手动返回参考点　　D. G28 指令

33. 下列指令中，（　　）不能用以设定工件坐标系。
A. G54　　B. G92　　C. G55　　D. G91

34. 执行 G53 指令时，下列描述中（　　）是错误的。
A. 取消刀具半径补偿　　B. 取消刀具长度补偿
C. 取消刀具位置偏置　　D. 不取消任何补偿

35. 通过刀具的当前位置来设定工件坐标系时，用（　　）指令实现。
A. G54　　B. G55　　C. G92　　D. G52

36. 数控系统由控制系统、伺服系统和（　　）组成。
A. 反馈系统　　B. 驱动装置　　C. 执行装置　　D. 位置测量系统

37. 以下选项中，（　　）能提高数控机床的加工精度。
A. 传动件用滚珠丝杠　　B. 装配时消除传动间隙
C. 机床导轨用滚动导轨　　D. 以上均是

38. 位置检测元件装在伺服电动机尾部的是（　　）系统。
A. 闭环　　B. 半闭环　　C. 开环　　D. 以上均不是

39. 顺时针圆弧插补指令为（　　）。
A. G04　　B. G03　　C. G02　　D. G01

40. 对于内凹槽的走刀路径，下列方案中最为合理的是(　　)。
A. 行切法　　B. 环切法
C. 先环切再行切　　D. 先行切再环切

三、判断题（正确的打“√”，错误的打“×”。每题 0.5 分，满分 20 分）

1. 数控机床使用的刀具是希望使用寿命长，而不是耐用度高。（　　）
2. 定向装置和拉刀装置是加工中心主轴所特有的装置。（　　）
3. 主轴准停的三种实现方式是机械方式、磁感应开关方式和编码器方式。（　　）
4. 因为数控机床所加工零件的尺寸一致性好，所以数控机床加工的零件均采用完全互换性原则进行装配。（　　）
5. 数控加工的零件表面质量与数控系统的指令脉冲有关。（　　）
6. 影响数控机床加工质量的主要因素是操作人员的操作。（　　）
7. 数控机床操作最关键的问题是编制程序，编程技术掌握好就可能成为一名高级数控机床操作工。（　　）
8. 麻花钻导向部分的作用是导向、修光、排屑、输送切削液。（　　）
9. 自动换刀装置只要满足换刀时间短、刀具重复定位精度高的基本要求即可。（　　）
10. 有安全门的加工中心在安全门打开的情况下也能进行加工。（　　）
11. 加工中心加工精度高、尺寸稳定，所加工的批量零件具有很好的互换性。（　　）

12. 数控加工中，采用加工路线最短的原则确定走刀路线既可以减少空刀时间，还可以减少程序段。 ( )

13. 数控程序中 F 指令只能表示进给速度。 ( )

14. 在 FANUC 系统中“O11”与“O0011”指的是同一个程序。 ( )

15. 试切对刀是为了找机床机械零位。 ( )

16. 零件图样未注出公差的尺寸，可以认为是没有公差要求的尺寸。 ( )

17. 采用 G50（或 G92）建立的坐标系是工件坐标系。 ( )

18. 在任何情况下，程序段前加“/”符号的程序段都将被跳过执行。 ( )

19. 在毛坯加工过程中，选取较小的铣削深度可提高刀具使用寿命。 ( )

20. 当程序段号作为“跳转”或“程序检索”的目标位置时，程序段号不可省略。 ( )

21. 程序段注释可方便检查、阅读数控程序，其对机床动作没有任何影响。 ( )

22. 当程序段跳跃功能关闭时，程序段前的“/”不影响机床动作。 ( )

23. 固定循环指令多而复杂，手工编程时尽量不用。 ( )

24. 在同一程序段中出现多个指令时，一般都是同时执行，因此在编程时需注意各自的动作有无冲突。 ( )

25. 在对刀时，当刀具或心棒远离工件时，增量步长可选择“×100”挡，在接近工件或进行铣削时，增量步长可选择“×1”挡、“×10”挡。 ( )

26. 切削用量中，对刀具寿命影响最大的是切削速度，其次是切削深度，影响最小的是进给量。 ( )

27. 数控刀具应具有较长的刀具寿命、较高的刚度、良好的材料热脆性、良好的断屑性能、可调、易更换等特点。 ( )

28. 铰削加工时，铰出的孔径可能比铰刀实际直径小，也可能比铰刀实际直径大。 ( )

29. 采用硬质合金刀具切削加工，不允许用切削液以免刀片崩裂。 ( )

30. 精加工铸铁时，可选用金刚石刀具。 ( )

31. 铣削用量选择的次序是：铣削速度、每齿进给量、铣削宽度、铣削深度。 ( )

32. 高速钢与硬质合金相比，其硬度更高，红硬性和耐磨性更好。 ( )

33. 刀具磨损后，切削温度将显著提高。 ( )

34. 高速钢铣刀与硬质合金铣刀相比，其前角可大些。 ( )

35. 立铣刀的副切削刃一般为螺旋齿，这样可以增加切削的平稳性，提高加工精度。 ( )

36. 圆弧加工程序中圆心坐标 I、J、K 和半径 R 同时出现时，程序按半径 R 执行，I、J、K 不起作用。 ( )

37. G00、G02、G03 均为模态指令。 ( )

38. 所有的 G00 指令所执行的刀具轨迹均为一条直线。 ( )

39. G04 为非模态指令，“G04 X1.6;”中的“1.6”表示1.6 s。 ( )

40. 数控机床通常适用于加工轮廓形状复杂，多品种、小批量的零件。 ( )

四、综合题（满分 10 分）

精加工如图 4－6 所示工件内轮廓，工件材料为 45 钢，加工要求如下：在加工时采用顺铣；*Z* 向工件原点建立在工件上表面，切削深度 $Z=-5$ mm；利用刀具半径补偿功能进行编程，刀具半径补偿号为 D02。其加工程序为 O11，试在不完整处添加内容。

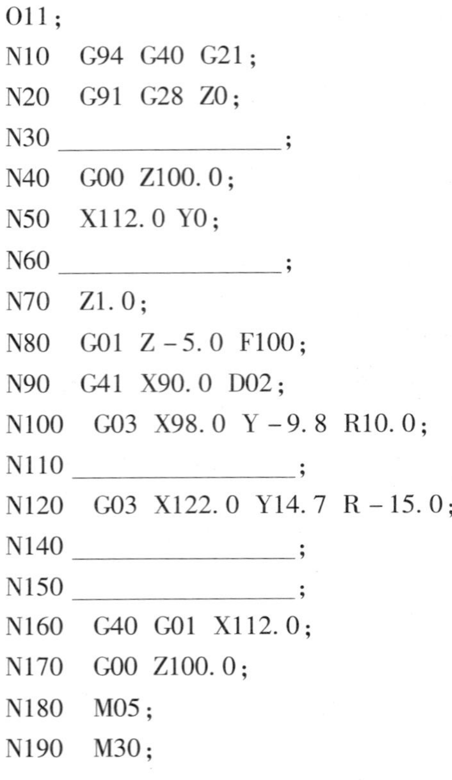

O11；

N10　G94　G40　G21；

N20　G91　G28　Z0；

N30 ________________；

N40　G00　Z100.0；

N50　X112.0　Y0；

N60 ________________；

N70　Z1.0；

N80　G01　Z－5.0　F100；

N90　G41　X90.0　D02；

N100　G03　X98.0　Y－9.8　R10.0；

N110 ________________；

N120　G03　X122.0　Y14.7　R－15.0；

N140 ________________；

N150 ________________；

N160　G40　G01　X112.0；

N170　G00　Z100.0；

N180　M05；

N190　M30；

图 4－6

五、简答题（每题 5 分，满分 10 分）

1. 在钻孔加工时发现孔壁粗糙，试分析可能存在的问题。

2. 镗孔时，如何解决排屑问题？

六、编程题（每题 15 分，满分 30 分）

1. 加工如图 4－7 所示工件的三个台阶，已知毛坯尺寸为 72 mm × 31 mm × 18 mm，材料为 45 钢，试编写其数控铣削加工程序。

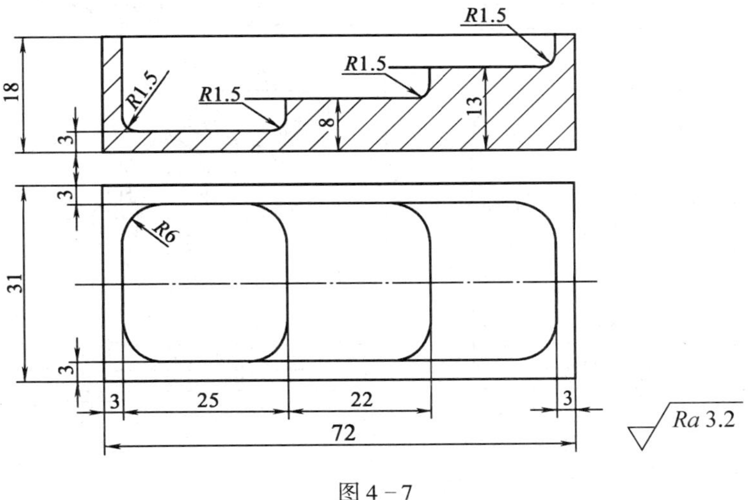

图 4－7

2. 加工如图 4 - 8 所示工件 1、工件 2，已知毛坯尺寸分别为 102 mm × 102 mm × 18. 5 mm、102 mm × 102 mm × 8. 5 mm，材料为 45 钢，试编写其数控铣削加工程序。

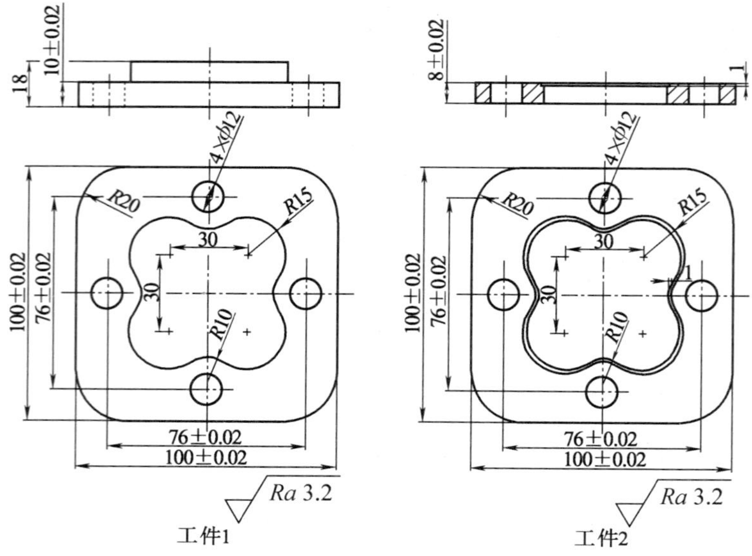

图 4 - 8

模块五　坐标变换编程

任务一　极坐标编程

一、填空题（将正确答案填写在横线上）

1. 极坐标系生效指令是________________，取消指令是________________。

2. 极坐标指令中，极坐标半径用所选平面的____________________________来指定，极坐标角度用所选平面的____________________________来指定，极坐标的零度方向为________________的正方向。

3. 极坐标原点指定方式有两种，一种是以____________________________________，另一种是以____。

4. 当以编程原点作为极坐标原点时，极坐标“G01　X20.0　Y30.0;”在直角坐标系中的坐标为________________________________。

5. 工件坐标系可用指令________________________来设定，也可用指令________________________来设定。

二、选择题（将正确答案的代号填写在括号内）

1. 下列零件中，(　　) 宜采用极坐标编写程序。

A. 正多边形　　B. 圆周分布的孔类零件

C. 以半径与角度形式标示的零件　　D. 以上均可

2. 极坐标生效指令是（　　）。

A. G15　　B. G16

C. G17　　D. G18

3. 指令“G90　G17　G16　X100.0　Y30.0;”中，地址 Y 指定的是（　　）。

A. 旋转角度　　B. 极坐标原点到刀具中心距离

C. *Y* 轴坐标位置　　D. 时间参数

4. 下列指令中，(　　) 表示以工件坐标系零点作为极坐标原点。

A. G90　G17　G16　　B. G90　G17　G15

C. G91　G17　G16　　D. G91　G17　G15

5. 在 G18 平面中使用极坐标编写程序，极坐标半径由(　　)指定。

A. X　　B. Y　　C. Z　　D. A

三、判断题（正确的打“√”，错误的打“×”）

1. “G91　G17　G16;”表示以刀具当前点作为极坐标系原点。　　(　　)

2. 工件坐标系可用 G54 ~ G59 来设定，也可用 G52 来设定。 (　　)

3. 角度形式标注的零件，如孔类零件采用极坐标编写程序较合适。 (　　)

4. 圆弧插补指令也可采用极坐标编程。 (　　)

四、简答题

1. 简述极坐标编程功能。

2. 极坐标原点指定方式有哪两种？试加以说明。

五、综合题

加工如图 5－1 所示内轮廓，Z 向工件原点建立在工件上表面，切削深度 $Z=-5$ mm，加工程序如下，要求在错误的程序段划横线并改正。

O22；

N10　G94　G40　G21；

N20　G91　G28　Z0；

```
N30  G54 G90;
N40  G00 Z100.0;
N50  X0 Y0;
N60  M03 S500;
N70  Z1.0;
N80  G91 G01 Z-5.0 F100;
N90  Y5.0 D02;
N100  G90 G16 G17;
N110  G01 X25.0 Y90.0;
N120  G03 G91 Y72.0 R25.0;
N140  G91 Y72.0 R16.0;
N150  G91 Y72.0 R16.0;
N160  G91 Y72.0;
N170  G91 Y72.0 R16.0;
N180  G01 X0 Y5.0;
N190  X0 Y0;
N200  G00 Z100.0;
N210  M05;
N220  M30;
```

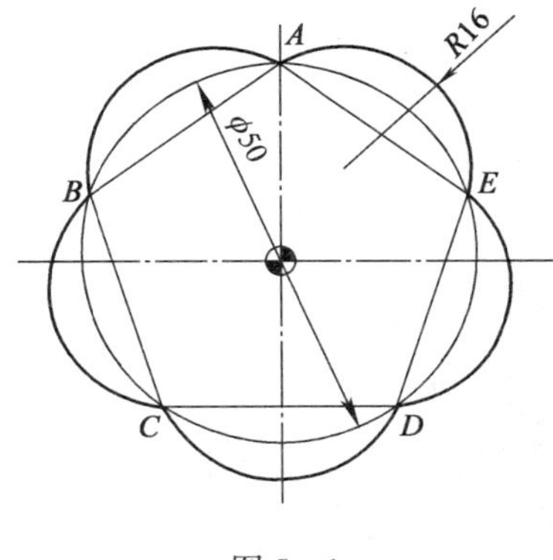

图 5-1

六、编程题

1. 精加工如图 5-2 所示五边形外轮廓和圆柱形内轮廓，工件材料为45 钢，试编写其加工程序。

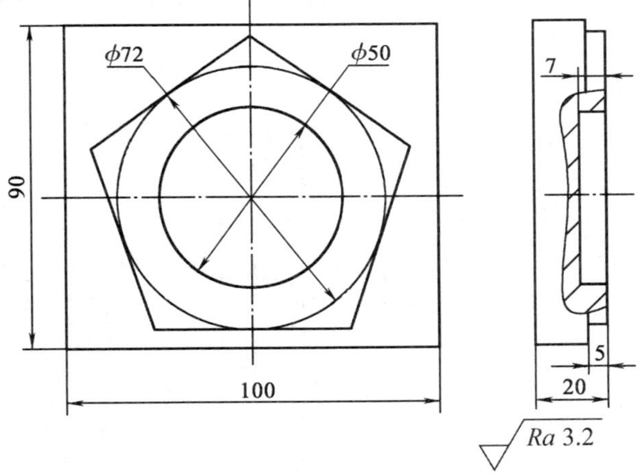

图 5-2

2. 加工如图 5－3 所示工件，已知毛坯尺寸为 ϕ100 mm×20 mm，材料为 45 钢，试设定合理加工方案，编写其数控铣削加工程序。

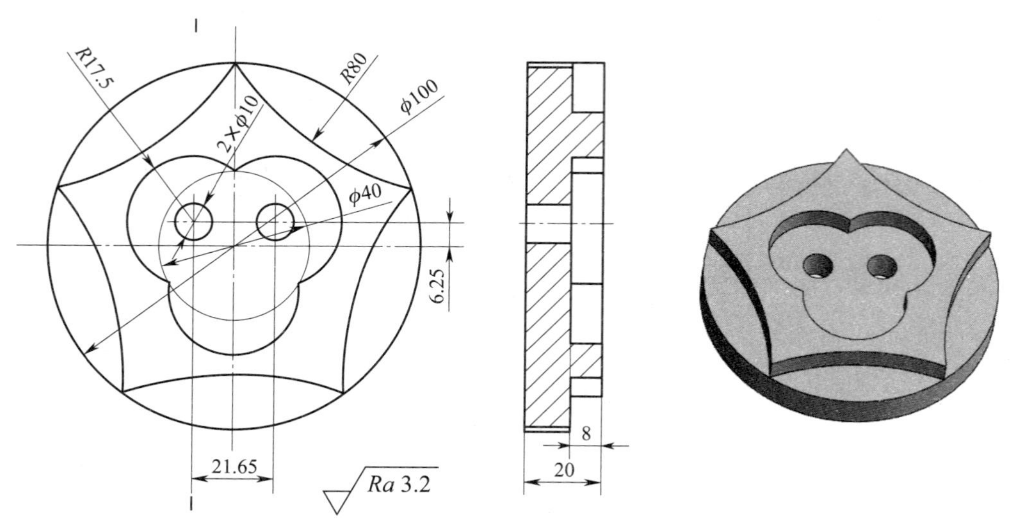

图 5－3

任务二　坐标旋转编程

一、填空题（将正确答案填写在横线上）

1. 指令“G68 X20.0 Y20.0 R30.0;”表示以坐标点____________________作为旋转中心，____________________旋转 30°。

2. 执行指令“G68 X0 Y0 R45.0；G01 X－10.0 Y10.0;”后，刀具中心所处的位置坐标是________________________________。

二、选择题（将正确答案的代号填写在括号内）

1. 指令“G17 G68 X __Y __R __;”中的 R 表示（　　）。

A. 等比例缩放倍数　　B. 旋转角度

C. 旋转半径　　D. 旋转中心 Z 点坐标

2. 坐标系旋转取消指令为（　　）。

A. G69　　B. G68　　C. G16　　D. G51

3. 构成零件轮廓的不同几何元素连接点称为（   ）。

A. 节点　　B. 基点　　C. 原点　　D. 参考点

4. 直线方程的标准形式为 $y = kx + b$，其中 b 是（   ）。

A. 直线的斜率　　B. 直线在 X 轴上的截距

C. 直线在 Y 轴上的截距　　D. 直线在 Z 轴上的截距

5. 坐标旋转指令中的 R 用于指定坐标系旋转的角度，可取（   ）。

A. 0°～360°　　B. 180°～360°

C. －180°～180°　　D. －360°～360°

6. 在坐标系旋转方式中，只能指定（   ）。

A. G28　　B. G92　　C. G41　　D. G51

三、判断题（正确的打"√"，错误的打"×"）

1. 对于 FANUC 0i 系统，在坐标系旋转取消指令以后的第一个移动指令必须用绝对值指定，否则将不执行正确的移动。（   ）

2. 采用 CAD 绘图分析基点与节点坐标时，绘图的比例必须按 1∶1 进行。（   ）

3. 基点与节点都是拟合线段的交点或切点。（   ）

四、简答题

1. 简述坐标旋转编程功能。

2. 使用坐标旋转指令应注意哪些问题？

五、综合题

画四边形 *EFGH*，其以点（0，0）为中心，由四边形 *ABCD*（见图 5－4）逆时针旋转 60°得到；画四边形 *IJKL*，其以点（30，30）为中心，由四边形 *ABCD* 逆时针旋转 60°得到。

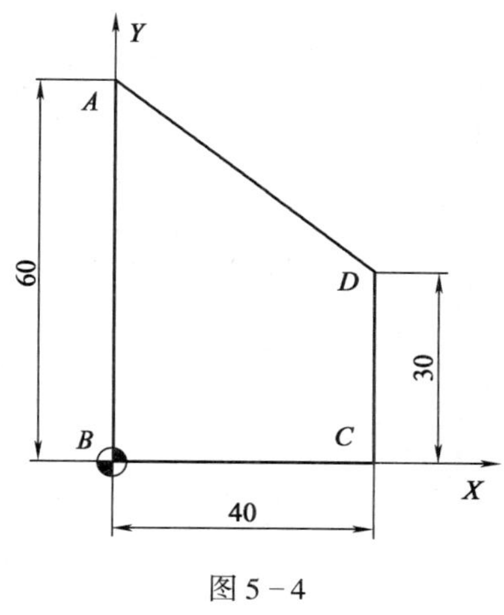

图 5－4

六、编程题

1. 精铣如图 5 –5 所示边长为 30 mm 凸台外轮廓，工件材料为 45 钢，试设计编程原点，编写其加工程序。

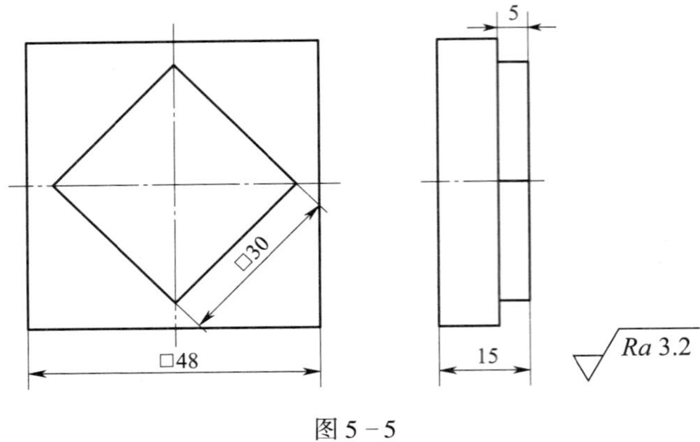

图 5 – 5

2. 加工如图 5 – 6 所示工件，已知毛坯尺寸为 120 mm × 120 mm × 20 mm，毛坯材料为 45 钢，试设定合理加工方案，编写其数控铣削加工程序。

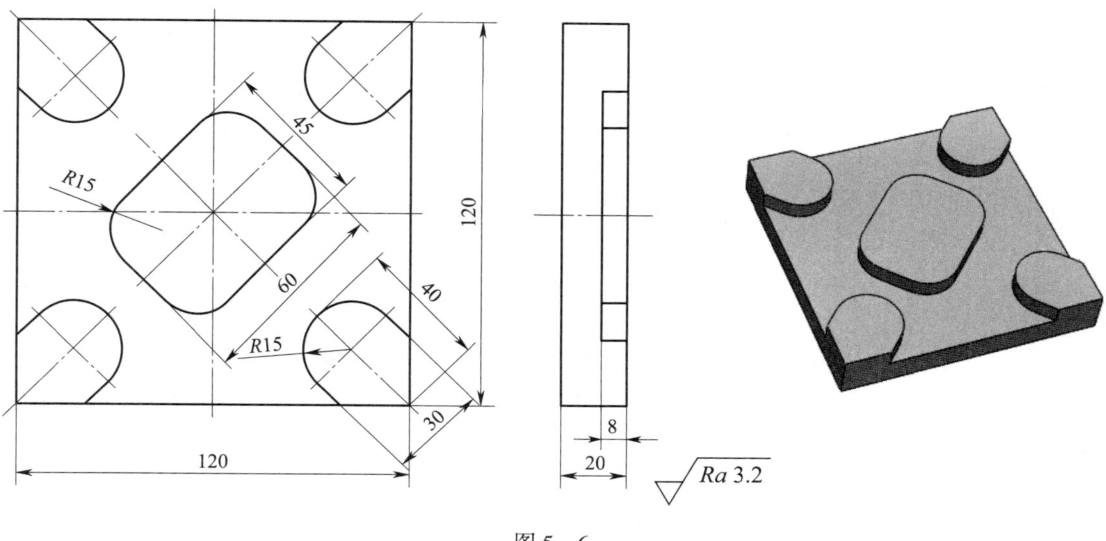

图 5 – 6

3. 加工如图 5－7 所示工件，已知毛坯尺寸为 ϕ100 mm×20 mm，毛坯材料为 45 钢，试设定合理加工方案，编写其数控铣削加工程序。

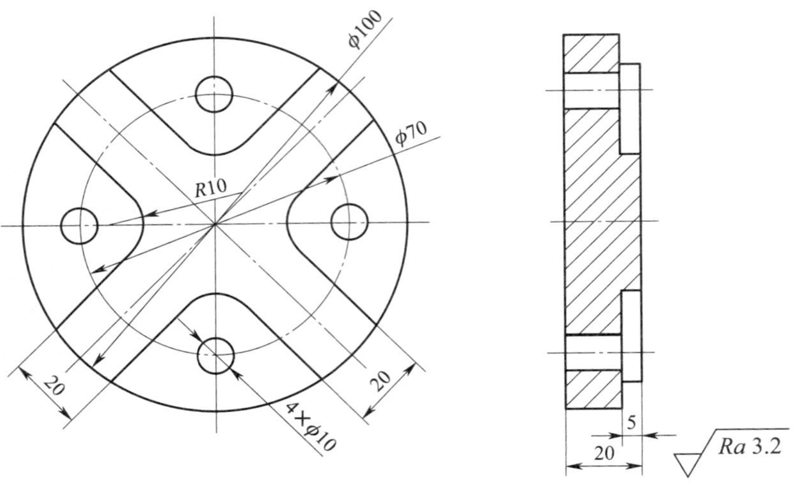

图 5－7

任务三　坐标镜像编程

一、填空题（将正确答案填写在横线上）

1. “G51 X20.0 Y30.0 I2.0 J1.5;”表示以坐标点____________________为中心进行缩放，*X* 轴方向的缩放倍数为____________________，*Y* 轴方向的缩放倍数为____________________。

2. “G17 G51.1 X20.0;”表示____。

3. FANUC 0i 系统的 G51 指令具有____________________和____________功能。

二、选择题（将正确答案的代号填写在括号内）

1. 程序段“G51 X __ Y __ I __ J __;”中 I、J 表示（　　）。

A. 起点相对于圆心的向量值　　B. 终点相对于圆心的向量值

C. *X*、*Y* 轴向的比例缩放倍数　　D. 比例缩放中心的 *X*、*Y* 坐标位置

2. 比例缩放对于（　　）有效。

A. 刀具半径补偿值　　B. 工件坐标系零点偏移值

C. 刀具长度补偿值　　D. 圆弧半径

3. 在坐标镜像中可以指定（　　）代码。

A. G28　　B. G92　　C. G54　　D. G02

4. 执行指令“G51 X0 Y0 I1.5 J2.0; G41 G01 X－10.0 Y－20.0 D01; G02 X－25.0 Y0 R15.0;”，缩放后的半径为（　　）。

A. 15.0　　B. 30.0

C. 22.5　　D. 指令错误，不执行

5. 执行指令“G51 X0 Y0 I－1.5 J－2.0; G01 X－10.0 Y－15.0;”后，刀具中心所处位置的坐标为（　　）。

A. (－10.0, －15.0)　　B. (－15.0, －30.0)

C. (10.0, 15.0)　　D. (15.0, 30.0)

6. 执行指令“G51.1 X20.0;”后，程序中（　　）指令不会变化。

A. G02　　B. G03　　C. G41　　D. G01

三、判断题（正确的打“√”，错误的打“×”）

1. 使用“G51 X __ Y __ I __ J __;”指令进行镜像时，指令中的 *I*、*J* 值一定是负值。（　　）

2. 在比例缩放中进行圆弧插补时，如果 X、Y 指定不同的缩放比例，圆弧半径则根据 *I*、*J* 值中的较小值进行缩放。（　　）

3. 采用镜像编程指令时，程序中的圆弧旋转方向相反，即 G02 变成 G03，但刀具补偿

偏置方向不会变，即 G41 还是 G41。（　　）

4. 比例缩放中的比例系数不可用小数点来指定。（　　）

5. 比例缩放对固定循环中的 Q 值与 d 值无效。（　　）

6. 在某一程序中，设定了 G51.1，则对应的取消指令为 G51.0。（　　）

四、简答题

1. 比例缩放中进行圆弧插补，如 X、Y 进行等比例缩放，圆弧半径会如何变化？如指定不同的缩放比例，圆弧半径又有何变化？

2. 说明指令“G17　G51　X20.0　Y20.0　I－1.5　J－2.0;”的含义。

五、综合题

1. 在图 5－8 中画三角形△DEF、△LKJ、△GHI，其中△DEF 与△ABC 以 $X=2.5$ 轴线对称、△LKJ 与△ABC 以 $Y=2.5$ 轴线对称、△GHI 与△ABC 以点（2.5，2.5）对称。

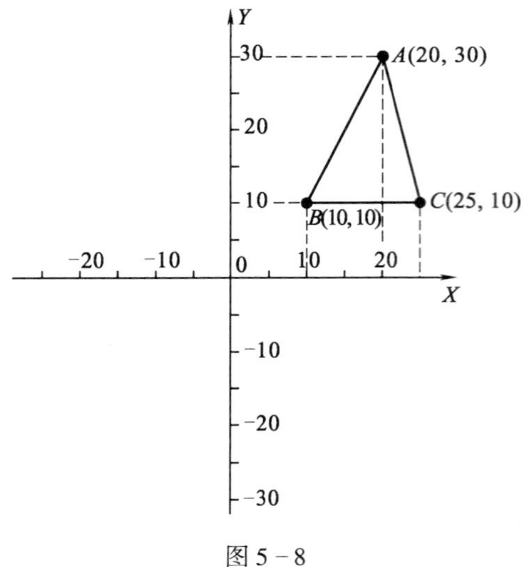

图 5－8

2. 画六边形 *GHIJKL*，其以点（0，0）为中心，将正六边形 *ABCDEF*（见图 5－9）沿 *X*、*Y* 轴各放大 2 倍得到；画六边形 *MNOPQR*，其以点（0，20）为中心，将正六边形 *ABCDEF* 沿 *X* 轴放大 2 倍，沿 *Y* 轴放大 1.5 倍得到。

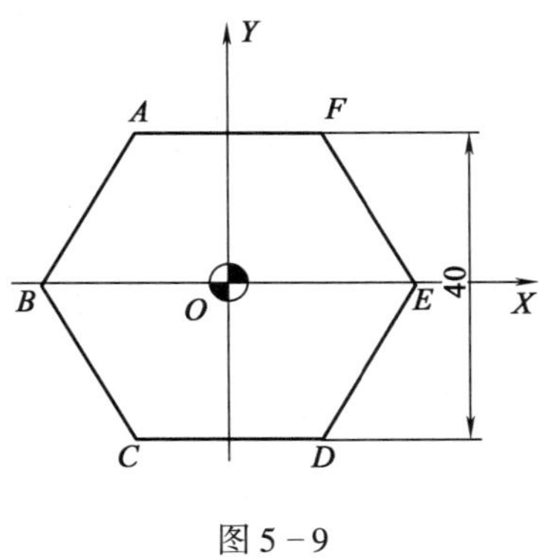

图 5－9

六、编程题

1. 加工如图 5－10 所示工件，已知毛坯尺寸为 52 mm×52 mm×25 mm，毛坯材料为 45 钢，试设定合理加工方案，编写其数控铣削加工程序。

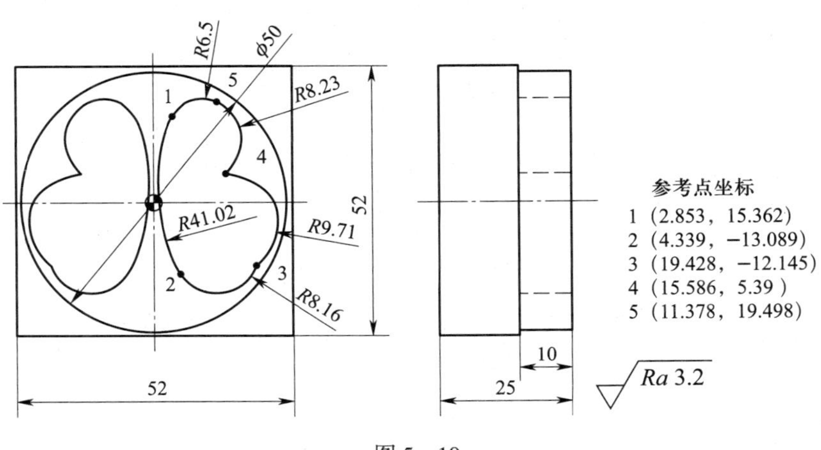

图 5－10

2. 加工如图 5 - 11 所示工件，已知毛坯尺寸为 ϕ50 mm × 25 mm，毛坯材料为 45 钢，试设定合理加工方案，编写其数控铣削加工程序。

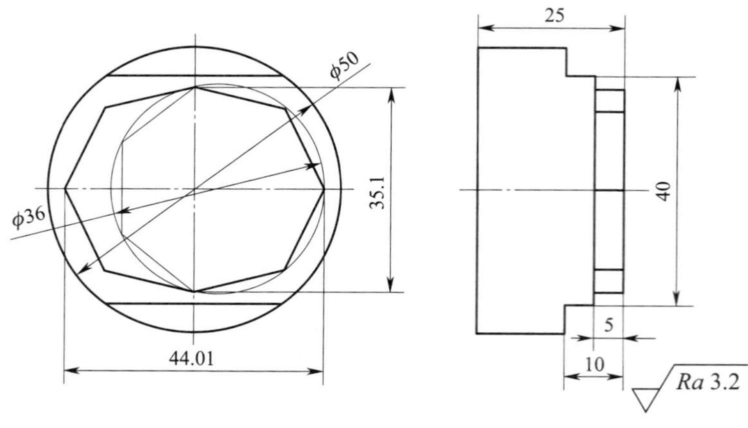

图 5 - 11

综合测试五

一、填空题（将正确答案填写在横线上）

1. 直线段和圆弧段的交点和切点是________________，逼近直线段和圆弧段轮廓曲线的交点和切点是________________。

2. FANUC 0i 数控系统的极坐标系生效指令为________________，极坐标系取消指令为________________。

3. 指令“G51 I ____ J ____ K ____ P ____；”中的 I、J、K 参数作用有两个。一个是____，另一个是____。

4. 数控系统取消坐标转换指令的顺序是____。

5. 坐标系旋转生效指令是____________，坐标系旋转取消指令是____________。

6. 当指令“G51 X ____ Y ____ I ____ J ____；”中的 *I*、*J* 值为负值且不等于 –1 时，执行该指令表示既进行____________，又进行____________。

7. 指令“G17 G51.1 Y20.0；”表示____。

8. “G92 X100.0 Y100.0 Z30.0；”表示刀具当前的位置位于____处。

9. 执行指令“G51 X0 Y0 ________________________；G01 X –20.0 Y15.0；”后，刀具中心所处位置的坐标为（20.0，–30.0）。

10. 指令“G51 I0 J10 P500；”中的 P500 表示________________________________。

二、选择题（将正确答案的代号填写在括号内）

1. FANUC 系统中，程序段“G17 G16 G90 X100.0 Y30.0;”中的 Y 指令是（　　）。
   A. 旋转角度　　B. 极坐标原点到刀具中心距离
   C. Y 轴坐标位置　　D. 时间参数

2. FANUC 系统中，程序段“G51 X0 Y0 P1000;”中的 P 指定了（　　）。
   A. 子程序号　　B. 缩放比例　　C. 暂停时间　　D. 循环参数

3. 在圆弧逼近零件轮廓的计算中，整个曲线是由一系列彼此相切的（　　）线段组成的。
   A. 折线　　B. 圆弧　　C. 三角　　D. 直线

4. XY 平面内采用极坐标编程时，其零度角的规定是（　　）。
   A. X 轴的负方向　　B. X 轴的正方向
   C. Y 轴的负方向　　D. Y 轴的正方向

5. 如果在比例缩放中要建立刀补，刀补的程序段应写在缩放程序段的（　　）。
   A. 内部　　B. 外部
   C. 不允许建立刀补　　D. 无所谓

6. FANUC 0i 系统的 G51 指令不具备的功能是（　　）。
   A. 镜像　　B. 比例缩放　　C. 镜像缩放　　D. 坐标旋转

7. 比例缩放对（　　）改变有效。
   A. 刀具长度补偿值　　B. 坐标系零点偏置
   C. 刀具半径补偿值　　D. 圆弧插补半径值

8. 执行指令“G51 X0 Y10.0 I2.0 J1.5; G01 X−20.0 Y20.0;”后，刀具中心所处位置的坐标是（　　）。
   A.（−20.0，20.0）　　B.（−40.0，30.0）
   C.（−40.0，20.0）　　D.（−40.0，25.0）

9. 执行指令“G68 X0 Y20 R30.0; G01 X−10.0 Y20.0;”后，刀具中心所处位置的坐标是（　　）。
   A.（−10.0，20.0）　　B.（8.66，15.0）
   C.（−8.66，15.0）　　D.（−8.66，20.0）

10. 圆的一般方程为 $x^2-12x+y^2-12y+47=0$，则该圆圆心坐标及半径 R 分别为（　　）。
   A.（6，−6），6　　B.（−6，6），10
   C.（6，6），5　　D.（12，6），5

三、判断题（正确的打“√”，错误的打“×”）

1. 需要进行对称切削时，可选镜像指令，用相同的程序进行对称加工。（　　）
2. G92 是设定新工件坐标系的运动指令。（　　）
3. 计算基点的方法中，计算机绘图求解法最为简便。（　　）
4. 图样尺寸以半径和角度的形式进行标注的零件，采用极坐标编程比用直角坐标系编程方便、快捷。（　　）
5. 单一程序段“G51 P5;”指令表示没有缩放中心。（　　）

6. 在 FANUC 0i 系统上进行不等比例缩放，缩放前相切的直线与圆弧在缩放后依然是相切的。（　　）

7. 如果在镜像指令中有坐标系旋转指令，那么坐标系的旋转方向将相反。（　　）

8. 比例缩放对固定循环中的 Q 值与 d 值无效。（　　）

9. 坐标系旋转的角度值可取范围为 $-360° \sim 360°$。（　　）

10. 极坐标编程只能使用直线插补指令，不能执行圆弧插补指令。（　　）

11. 采用 CAD 绘图操作方便，基点分析精度高，但容易出错。（　　）

四、简答题

1. 试写出直线与圆弧方程的标准形式。

2. 试说明 G51 指令的两种用途，分别举一实例并加以说明。

五、编程题

1. 试用比例缩放、旋转指令编写如图 5－12 所示工件的加工程序，已知毛坯尺寸 70 mm×70 mm×15 mm，材料为 45 钢。

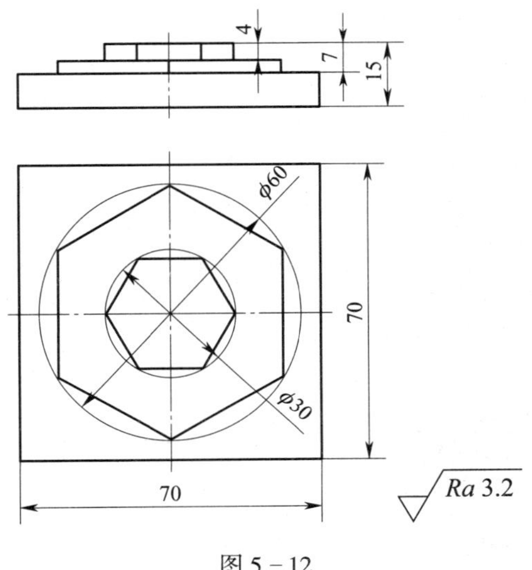

图 5－12

2. 加工如图 5 - 13 所示工件，已知毛坯尺寸为 170 mm × 125 mm × 25 mm，材料为 45 钢，试列出所用刀具，编写其数控铣削加工程序。

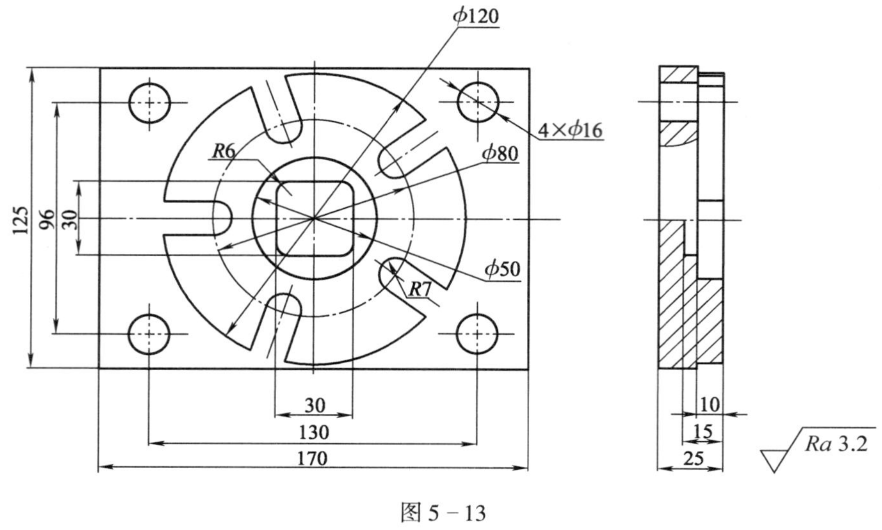

图 5 - 13

模拟试卷五

注意事项

1. 请仔细阅读题目，按要求答题；保持卷面整洁。

2. 考试时间为 120 min。

题号	一	二	三	四	五	六	总分	审核人
分数								

一、填空题（将正确答案填写在横线上。每题 2 分，满分 20 分）

1. 指令“G90 G17 G16;”中极坐标半径值是指______________________________，角度值是指______________________________。

2. 在一些较老的数控系统中通常使用______________来实现镜像编程，在 FANUC 0i 中则采用______________或______________来实现镜像编程。

3. G51 指令既可以进行______________，也可以当作______________指令。

4. 指令“G51 P2000;”中的缩放中心为______________。

5. 执行指令“G51 X0 Y0 I－1.0 J－2.0；G01 ______________；”后，刀具中心的坐标为（20.0，－30.0）。

6. 坐标系旋转指令中的旋转角度取值范围______________，零度方向为______________的正方向。

7. 执行指令“G68 X0 Y10.0 R45.0；G01 X10.0 Y10.0;”后，刀具中心所处的坐标位置是______________。

8. 10°36′＝______________°，45°54′＝______________°。

9. 基点是______________________________。

10. 极坐标原点的指定方法有两种，分别为以______________作为极坐标原点和以______________作为极坐标原点。

二、选择题（将正确答案的代号填写在括号内。每题 2 分，满分 20 分）

1. 指令“G17 G68 X__ Y__R__;”中的 R 表示（　　）。

A. 等比例缩放倍数　　B. 旋转角度

C. 旋转半径　　D. 旋转中心 *Z* 点坐标

2. 执行指令“G51 X0 Y0 I－2.0 J－1.5；G01 X－20.0 Y20.0;”后，刀具中心所处的位置坐标是（　　）。

A. （－20.0，20.0）　　B. （40.0，－30.0）

C. （40.0，30.0）　　D. （－40.0，30.0）

3. 程序“G51 X __ Y __ I __ J __;”中的 I、J 表示（　　）。

A. 起点相对于圆心的向量值　　B. 终点相对于圆心的向量值

C. *X*、*Y* 轴向的比例缩放倍数　　D. 比例缩放中心 *X*、*Y* 的位置坐标

4. 在坐标旋转状态下，能够指定的 G 代码为（　　）。

A. G29　　B. G58　　C. G30　　D. G42

5. 对于缩放、镜像、坐标系旋转指令，数控系统数据处理的顺序是（　　）。

A. 缩放、镜像、坐标系旋转　　B. 镜像、缩放、坐标系旋转

C. 坐标系旋转、缩放、镜像　　D. 缩放、坐标系旋转、镜像

6. 执行（　　）指令后，刀具半径补偿的偏置方向与镜像前没有变化。

A. G51.1 X20.0;　　B. G51.1 X20.0 Y20.0;

C. G51.1 Y20.0;　　D. G51 X20.0 Y20.0 I1.0 J-1.0;

7. 极坐标生效指令是（　　）。

A. G15　　B. G16　　C. G17　　D. G18

8. 下列软件中，（　　）是我国自行开发的软件。

A. AutoCAD　　B. CAXA　　C. PRO/E　　D. CATIA

9. 执行指令“G90 G17 G16; G01 X30.0 Y45.0; X50.0; Y90.0;”后，刀具到达的直角坐标系的位置是（　　）。

A.（30.0，45.0）　B.（50.0，45.0）　C.（50.0，90.0）　D.（0，50.0）

10. 指令“G51 P1500;”的缩放中心为（　　）。

A. 编程原点　　B. 刀具当前位置　　C. 机床原点　　D. 无缩放点

三、判断题（正确的打“√”，错误的打“×”。每题 2 分，满分 20 分）

1. 节点计算就是计算逼近直线或圆弧段与非圆曲线的交点或切点坐标。（　　）

2. 对于 FANUC 0i 系统，在坐标系旋转取消指令以后的第一个移动指令必须用绝对值指定，否则将不执行正确的移动。（　　）

3. 使用 G52 指令的实质是平移某个工件坐标系。（　　）

4. 执行 G92 指令时，坐标轴虽在移动，但屏幕上显示的坐标是不动的。（　　）

5. 指令“G51.1 X10.0;”的镜像轴为过点（10.0，0）且平行于 *Y* 轴的直线。（　　）

6. 比列缩放中的 P 为比列系数，P2.0 表示该工件被放大 2 倍。（　　）

7. 以刀具的当前点作为极坐标系原点进行编程，角度值是指前一坐标系原点与当前极坐标系原点的连线与 *X* 轴的夹角。（　　）

8. 极坐标编程只能用于 G00、G01，不能用于 G02、G03。（　　）

9. 若在旋转指令前指定比例缩放指令，那么旋转中心和旋转角度都将被缩放。（　　）

10. 执行指令“G51.1 X20.0 Y20.0;”后，原程序中的圆弧方向不变。（　　）

四、简答题（每题 5 分，满分 15 分）

1. 采用 CAD 绘图求解基点的优点有哪些？

2. 使用坐标镜像指令应注意哪些问题？

3. 以刀具当前点作为极坐标系原点时，半径值和角度值是如何指定的？

五、综合题（满分 10 分）

精铣如图 5 – 14 所示工件五边形外轮廓，Z 向工件原点建立在工件上表面，切削深度 $Z=-5$ mm，其加工程序如下，试在不完整处添加内容，在错误的程序段下划横线并改正。

O22；
N10 G94 G40 G21；
N20 G91 G28 Z0；
N30 G54 G90；
N40 G00 Z50. 0；
N50 X0 Y –40. 0；
N60 M03 S500；
N70 Z1. 0；
N80 G91 G01 Z –5. 0 F100；
N90 G90 G41 Y20. 23；
N100 G90 G68 G17；
N110 G01 X25. 0 Y 36. 0；
N120 G91 Y –72. 0；
N140 Y –72. 0；
N150 Y –72. 0；
N160 Y –72. 0；
N170 G90 X25. 0 Y –90. 0；

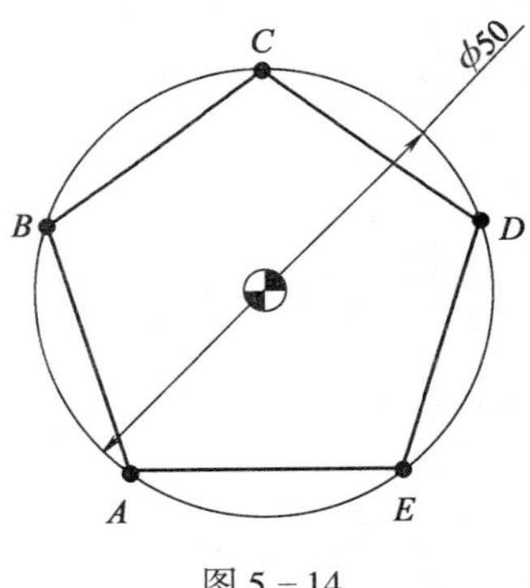

图 5 – 14

```
N180  G90 G69 G17;
N190  X0 Y-40.0;
N200  G00 Z100.0;
N210  M05;
M220  M30;
```

六、编程题（满分 15 分）

加工如图 5－15 所示工件，已知毛坯尺寸为 120 mm×120 mm×25 mm，材料为 45 钢，试列出所用刀具，编写其数控铣削加工程序。

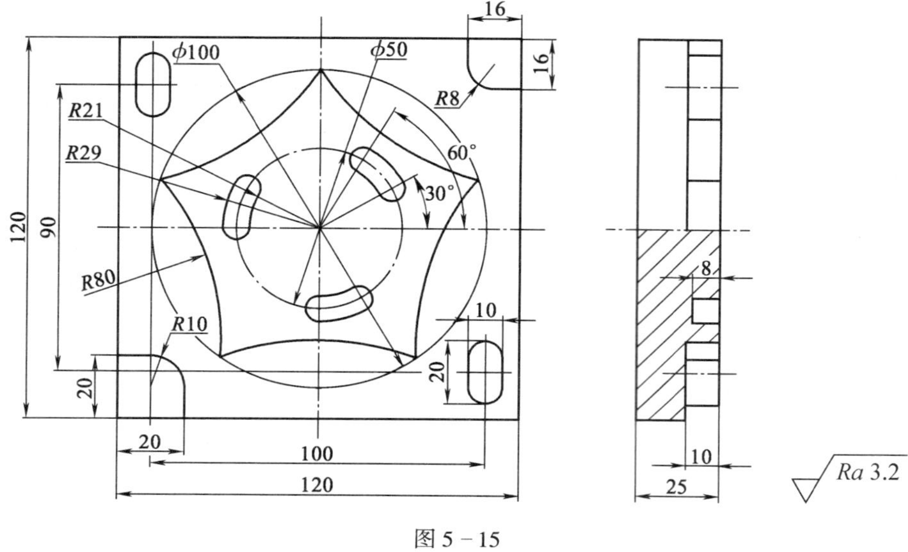

图 5－15

模块六　宏程序编程

任务一　宏程序加工均布孔

一、填空题（将正确答案填写在横线上）

1. 若#100 = 24，#101 = 8，执行#100/#101 后，运算结果为________________。

2. B 类宏程序的有条件转移语句的格式为____，循环指令的格式为____。

3. 用户宏程序分成两类，即________宏程序和________宏程序。这两种宏程序中能用符号“ = ”进行赋值的是____________宏程序。

4. 变量由符号“____________”和变量号组成，共分成________变量、____________变量和系统变量三种。

5. 将数学表达式转化为 B 类宏程序表达式。

（1）$\#101 = 6 * (30^2 * 40 - \#100)$：____；

（2）$\#100 = SIN30° * COS50°$：____；

（3）$\#102 = 10 * 124^{0.5} / 15^3$：____。

二、选择题（将正确答案的代号填写在括号内）

1. 执行指令“G65 H04 P#100 Q20 R5;”后，#100 的值等于（　　）。

A. 100　　B. 4　　C. 15　　D. 25

2. 下列变量中，属于局部变量的是（　　）。

A. #10　　B. #100　　C. #149　　D. #500

3. “G65 H84 P100 Q#101 R#102;”表示当（　　）时转移到 N100 程序段。

A. #101 < #102　　B. #101 > #102

C. #101 ≤ #102　　D. #101 ≥ #102

三、判断题（正确的打“√”，错误的打“×”）

1. 当#100 = 20 时，X#100 表示 X20.0。（　　）

2. 宏程序中不可以进行刀具半径补偿。（　　）

3. 系统变量是指有固定用途的变量，它的值决定系统的状态。（　　）

4．B 类宏程序函数中的括号允许嵌套使用，但最多只允许嵌套 4 级。 （ ）

四、简答题

1．宏程序与普通程序相比较有何优缺点？

2．说明宏程序的定义。

五、综合题

根据程序，在图 6－1 中画出刀具在 *XY* 平面内的走刀轨迹（函数曲线），并写出其数学表达式。

```
O11;
G98 G40 G80 G54 G90;
M03 S500;
#101 = -100.0;
G00 X-100.0 Y-95.0;
G01 Z-5.0 F100;
N100 #102 = #101 + 5.0;
G01 X#101 Y#102;
#101 = #101 + 2.0;
IF [#101 LE 100.0] GOTO 100;
G01 Z50.0;
M05;
M30;
```

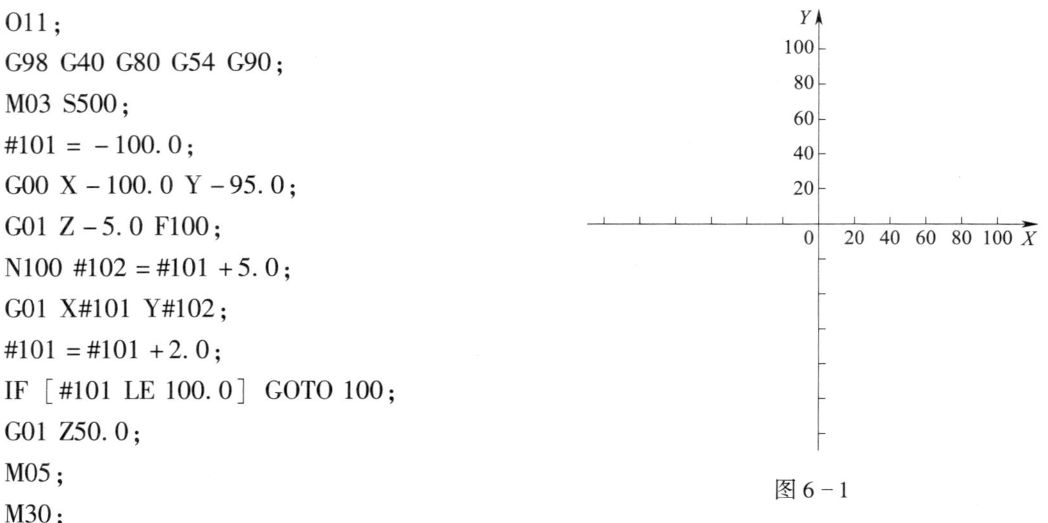

图 6－1

六、编程题

加工如图 6－2 所示圆周阵列孔，毛坯尺寸为 120 mm × 120 mm × 20 mm，毛坯材料为 45 钢，试设定合理加工方案，编写其数控铣削加工程序。

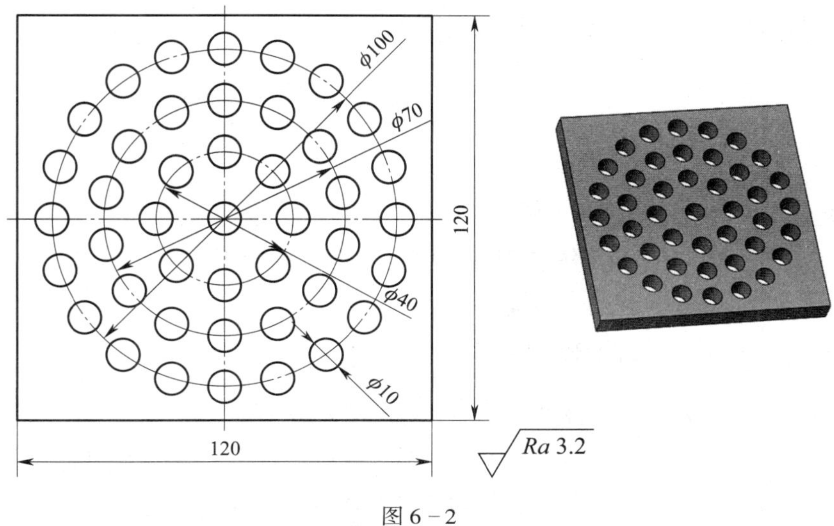

图 6－2

任务二　宏程序加工均布轮廓

一、填空题（将正确答案填写在横线上）

1. 变量的赋值可采用________________________与________________________的方法。

2. 宏程序数学计算的次序为________________________，________________________，________________________。

3. 当#1 =5，#2 =10，变量#［#1 +#2 +5］表示____________________。

4. #100 =10，#101 =20，#103 =#100 +#101 +50，则 G01 X[#100 +5] Y-#101 F#103；表示____。

二、选择题（将正确答案的代号填写在括号内）

1. 运算指令中，形式#i =SQRT［#j］代表的意义是（　　）。
   A. 最大误差值　B. 平方根　C. 数列　D. 矩阵
2. 运算指令中，形式#i =ABS［#j］代表的意义是（　　）。
   A. 绝对值　B. 平方根　C. 积分　D. 位移
3. 函数中 18°18′表示（　　）。
   A. 18.18°　B. 18.018°　C. 18.3°　D. 18.5°

三、判断题（正确的打“√”，错误的打“×”）

1. B 类宏程序的运算指令中函数 SIN、COS 等的角度单位是度，分和秒要换算成带小数点的度。（　　）

2. 指令 IF［#100 LE 0］GOTO 200 表示当#100≥0 时，程序跳转到 N200 程序段执行，如果条件不成立，则执行下一程序段。（　　）

3. 宏程序指令“WHILE［条件式］DO m”中的“m”表示循环执行 WHILE 与 END 之间程序段的次数。（　　）

4. 局部坐标系指令 G52 的参考基准是当前设定的有效工件坐标系原点。（　　）

四、简答题

1. B 类宏程序实现程序转移的指令有哪些？

2. 试分析工件坐标系零点偏移指令与局部坐标系指令的不同点。

五、编程题

精铣如图 6 - 3 所示工件的 12 个矩形外轮廓，工件材料为 45 钢，试设计编程原点，编写其加工程序（工件除矩形外轮廓外，其余部分均已加工完成）。

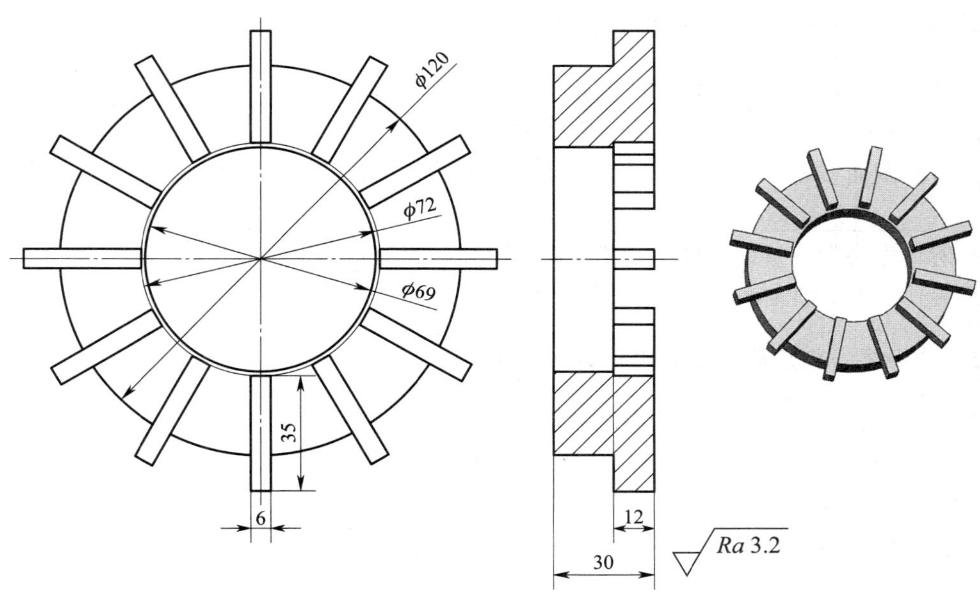

图 6 - 3

任务三　宏程序加工规则曲面

一、填空题（将正确答案填写在横线上）

1. 数控铣削加工不规则曲面时，通常采用________________或____________________等多种切削方法。

2. 对非圆曲线轮廓，常用的手工编程拟合计算方法有__________________________、__________________________和__________________________等几种。

3. 宏程序中的变量以角度形式指定时，其单位是____________________。

4. 表达式#i = ATAN［#j］代表的含义是____________________。

二、选择题（将正确答案的代号填写在括号内）

1. 曲线拟合的允许误差一般取零件所要求公差的（　　）。

A. 1/2 ~ 1/3　　　B. 1/3 ~ 1/5

C. 1/10 ~ 1/15　　　D. 1/5 ~ 1/10

2. 在“G68 X0 Y0 R#100;”中，#100 的单位是（　　）。

A. mm　　B. in　　C. 倍率　　D. °

3. 下列变量在程序中的书写形式有错误的是（　　）。

A. X - #100　　　B. X［- #1 + #2］

C. TAN［#100］　　　D. IF #100 GE 10

三、判断题（正确的打“√”，错误的打“×”）

1. 表达式“30.0 + 20.0 = #100;”是一个正确的变量赋值表达式。（　　）

2. 变量可以用表达式表示，表达式必须全部写入方括号“［　］”中，例如#［#2 + #3 + 5］。（　　）

3. 进行三维曲面加工时，行距越小越好。（　　）

四、简答题

1．曲面加工精度衡量标准有哪些？如何保证曲面加工精度？

2．说明拟合误差的含义。

五、编程题

加工如图 6－4 所示工件，已知毛坯尺寸为 120 mm × 80 mm × 20 mm，毛坯材料为 45 钢，试设定合理加工方案，编写其数控铣削加工程序。

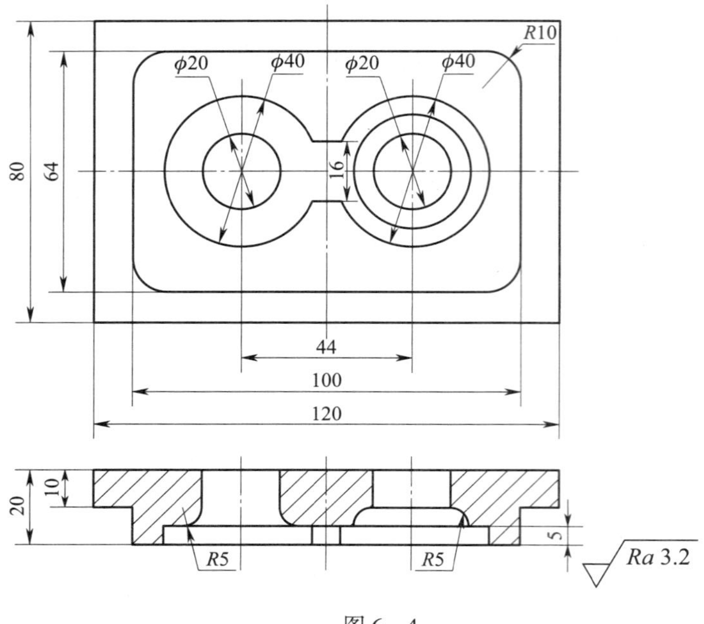

图 6－4

综合测试六

一、填空题（将正确答案填写在横线上）

1. 一组以____________________的形式储存，并带有____________________的程序称为用户宏程序。

2. 在实际编程中，主要采用____________________________________、____和____来提高曲线拟合精度。

3. A 类宏程序的无条件转移指令格式为____________________，有条件转移指令格式为____。

4. 若#10 = 10，#20 = 20，则#［#10 + #20 − 5］表示____________________。

5. 控制指令起到____________________________的作用，B 类宏程序的分支语句格式一为____________________________，格式二为____________________________________。

6. 在运算指令中，形式#i = ABS［#j］代表的含义是____________________。

7. 在变量赋值方法中，引数（自变量）Y 对应的变量是____________________。

8. 指令“IF［#100 LT 0］GOTO 200;”表示当_________________________时，程序跳转到 N200 程序段执行，如果条件不成立，则执行下一程序段。

二、选择题（将正确答案的代号填写在括号内）

1. CAD 是（　　）的缩写。
   A. 计算机虚拟设计　　B. 计算机辅助制造
   C. 计算机辅助设计　　D. 以上均不是
2. 现在常用的 CAM 软件，如 UG 等都支持（　　）轴刀具路径铣削。
   A. 2～3　　B. 2～4　　C. 2～5　　D. 2～6
3. 用户宏程序最大的特点是（　　）。
   A. 完成某一功能　　B. 嵌套
   C. 使用变量　　D. 使用常量
4. 运算指令中，形式#i＝#j AND #k 代表的含义是(　　)。
   A. 分数　　B. 平方根　　C. 倒数　　D. 逻辑与
5. 在变量赋值方法中，引数（自变量）C 对应的变量是(　　)。
   A. #5　　B. #20　　C. #3　　D. #10
6. 指令#j GE #k 中的 GE 表示（　　）。
   A. ≥　　B. <　　C. ≤　　D. >
7. B 类宏程序函数中的括号允许嵌套使用，但最多只允许嵌套（　　）级。
   A. 3　　B. 4　　C. 5　　D. 6
8. #149 属于（　　）。
   A. 局部变量　　B. 公共变量
   C. 系统变量　　D. 以上均不是

三、判断题（正确的打“√”，错误的打“×”）

1. #500 属于系统变量。（　　）
2. 变量不仅可以进行赋值，也可以进行加减乘除及函数的运算处理。（　　）
3. 字母 U、W、X、J、Q、P 都可作为引数替变量赋值。（　　）
4. 变量的赋值可在程序中进行，也可用 MDI 方式直接赋值。（　　）
5. B 类宏程序中的函数 SIN、COS 等的角度单位是 0.001°。（　　）
6. 若#101＝20，#102＝10，#103＝#101/#102，则#103＝2。（　　）
7. 当前使用的自动编程方法大多指语言式自动编程。（　　）
8. 曲面采用行切法加工时，可通过减小行距来减少行切法留有的残留面积。（　　）
9. 在坐标系旋转方式中，不能指定 G54～G59，也不能指定 G27 与 G42。（　　）

四、简答题

1. 什么是宏程序？在手工编程中为何要使用宏程序？

2. 宏程序的变量分为哪几类？分别解释其含义。

3. 试解释指令“IF［#100 EQ 0］GOTO 200;”和“IF［#100 GE 0］GOTO 200;”。

五、综合题

根据程序，在图 6－5 中画出刀具中心在 *XY* 平面内的走刀轨迹。

```
O11;
G98  G40  G80  G54  G90;
M03  S500;
G65  H01  P#101  Q10000;
G00  X0  Y0;
G01  Z－5.0  F100;
N100  G91  G01  X#101;
Y#101;
G65  H02  P#101  Q#101  R10000;
G65  H86  P100  Q#101  R50000;
G90  G01  Z50.0;
```

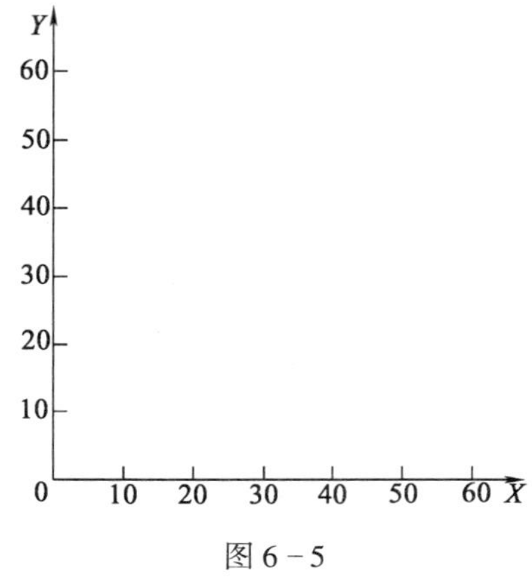

图 6－5

M05;
M30;

六、编程题

1. 加工如图 6－6 所示工件，已知毛坯尺寸为 70 mm×70 mm×15 mm，材料为 45 钢，试列出所用刀具，编写其数控铣削加工程序。

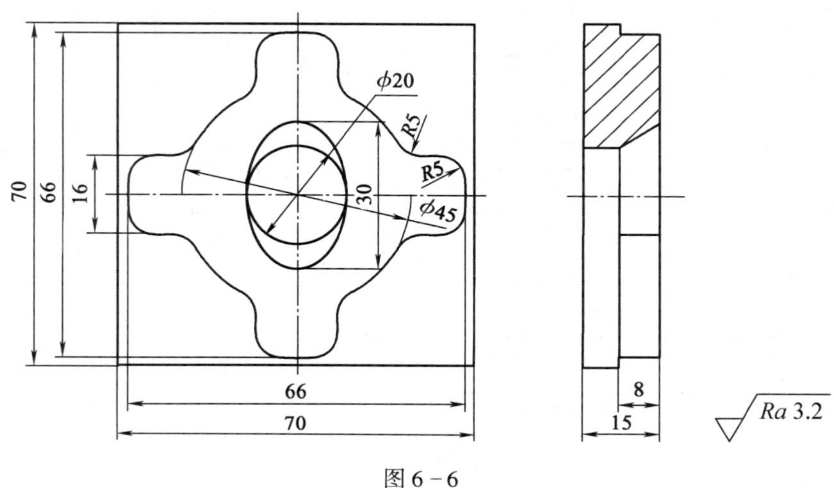

图 6－6

2. 加工如图 6－7 所示工件，已知毛坯尺寸为 150 mm×100 mm×25 mm，材料为 45 钢，试列出所用刀具，编写其数控铣削加工程序。

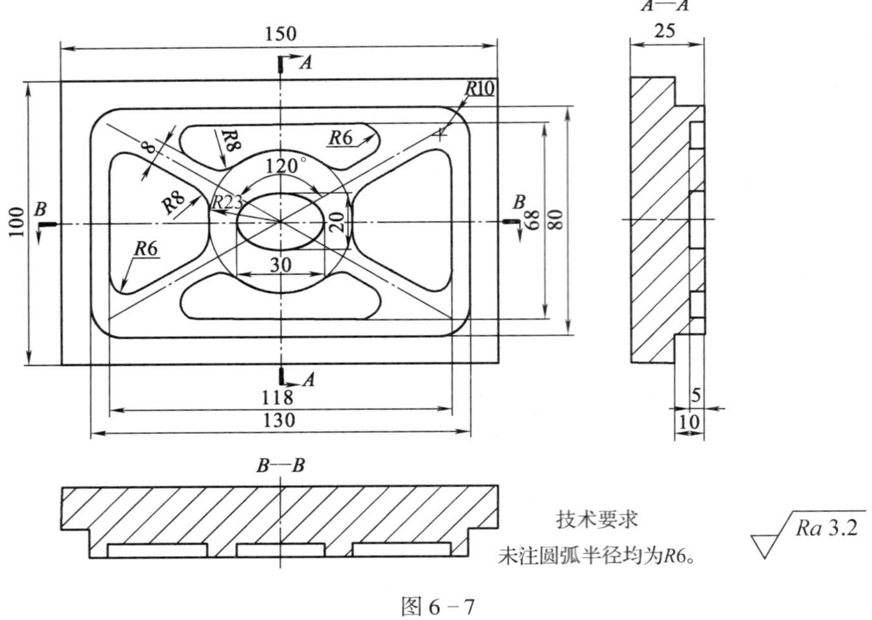

图 6－7

3. 加工如图 6 - 8 所示工件，已知工件毛坯尺寸为 70 mm × 64 mm × 20 mm，材料为 45 钢，试编写其数控铣削加工程序。

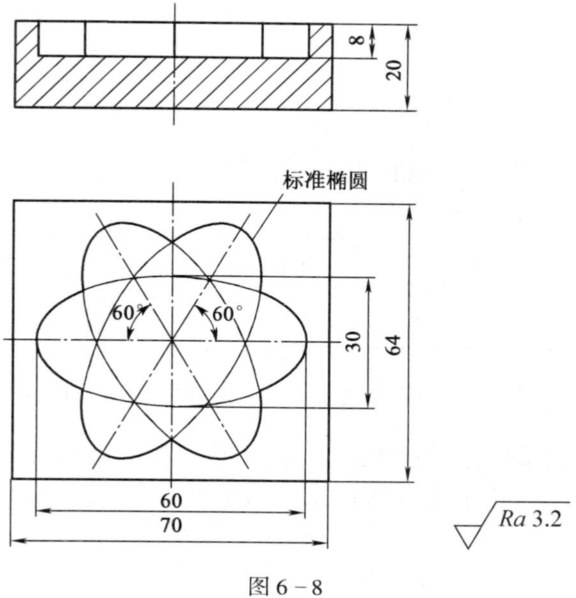

图 6 - 8

模拟试卷六

注意事项

1. 请仔细阅读题目，按要求答题；保持卷面整洁。

2. 考试时间为 120 min。

题号	一	二	三	四	五	六	总分	审核人
分数								

一、填空题（将正确答案填写在横线上。每题 2 分，满分 20 分）

1. 新老系统不同，其采用的宏程序也不一样，一般情况下较老的系统（如 FANUC 0i－MD）采用____________________宏程序，而在先进的系统（如 FANUC 0i）中则采用________________宏程序。

2. 变量由符号________________和____________________组成，它可以分为____________________、____________________和____________________三种。

3. 在运算指令中，形式#i＝ATAN［#j］代表的含义是____________________。

4. 在变量赋值方法中，引数（自变量）X 对应的变量是____________________。

5. 采用____________________或____________________作为后缀名保存的实体文件可在不同的造型软件中打开。

6. 指令“IF［#100 GT 0］GOTO 100;”表示当________________时，程序跳转到 N100 程序段执行，如果条件不成立，则执行下一程序段。

7. 将表达式转化为 B 类宏程序表达式：IF［#100＜0］GOTO 100；____________________。

8. 若#110＝45，#120＝3，#130＝2，则执行#140＝#110/#120，#150＝#140＊#130 后，#140＝____________________，#150＝____________________。

9. 通常情况下，非圆曲线拟合误差 δ ____________________允许误差 $\delta_{允}$，而 $\delta_{允}$ 一般取零件公差的____________________。

10. 宏程序中的变量以角度形式指定时，其单位是________________。

二、选择题（将正确答案的代号填写在括号内。每题 2 分，满分 20 分）

1. 用户宏程序指（　　）。

A. 由准备功能指令编写的子程序，主程序需要时可使用呼叫子程序的方式随时调用

B. 使用宏程序编写的程序，程序中除使用常用准备功能指令外，还使用了用户宏指令实现变量运算、判断、转移等功能

C. 工件加工源程序，通过数控装置运算、判断处理后，转变成工件的加工程序，由主程序随时调用

D. 一种循环程序，可以反复使用许多次

2. CAM 是（　　）的缩写。

A. 计算机虚拟设计　　B. 计算机辅助制造

C. 计算机辅助设计　　D. 以上均不是

3. 下列变量在程序中的书写形式有错误的是（　　）。

A. X-#100　　B. Y [#1+#2]

C. SIN [-#100]　　D. IF #100 LE 0

4. 下列变量中，属于公共变量的是（　　）。

A. #10　　B. #1

C. #149　　D. #150

5. 指令"#1=#2+#3*SIN [#4];"中最先进行运算的是（　　）。

A. 赋值运算　　B. 加运算

C. 乘运算　　D. 正弦函数运算

6. 指令"#100 =#100-#101*TAN [#100];"中最先执行的运算是（　　）。

A. 减运算　　B. 等于运算

C. 乘运算　　D. 函数运算

7. B 类宏程序用于开平方根的字符是（　　）。

A. ROUND　　B. SQRT

C. ABS　　D. FIX

8. 当#100=100 时，通常程序段"G91 G01 X#100;"代表在 *X* 向增量（　　）。

A. 100 mm　　B. 0.1 cm

C. 0.01 mm　　D. 0.1 mm

9. 在宏程序中用于执行取绝对值的字符为（　　）。

A. SQRT　　B. ABS　　C. COS　　D. FUP

10. 用户宏程序功能是数控系统具有各种（　　）功能的基础。

A. 自动编程　　B. 循环编程

C. 人机对话编程　　D. 几何图形坐标变换

三、判断题（正确的打"√"，错误的打"×"。每题 2 分，满分 16 分）

1. 在宏程序中的"="有两种含义，一种是比较，另一种是定义。（　　）

2. FANUC 0i 通常采用 A 类宏程序。（　　）

3. 宏程序数学计算次序为：先乘除，后函数，再加减。（　　）

4. A 类宏程序中的 Q、R 没有指定时，系统将其值作为"0"参加运算。（　　）

5. 宏程序的结束指令是 M99，因此，调用宏程序时必须用 M98 调用。（　　）

6. 变量可以直接用表达式赋值，如 10.0+20.0=#101。（　　）

7. 通过宏程序可以执行一些有规律和无规律变化的动作。（　　）

8. 若宏程序 C 调用宏程序 B 而且都有变量#500，由于#500是公共变量，因此变量#500是同一个变量。（　　）

四、简答题（每题 5 分，满分 15 分）

1. 变斜角平面的加工有哪些方法？

2. 试举例说明拟合计算中等间距法与等插补段法的应用特点。

3. 试解释三维型面母线拟合方法。

五、综合题（满分 10 分）

精铣如图 6－9 所示工件中的圆锥面，Z 向工件原点建立在工件上表面，其加工程序为 O11，试在不完整处添加内容。

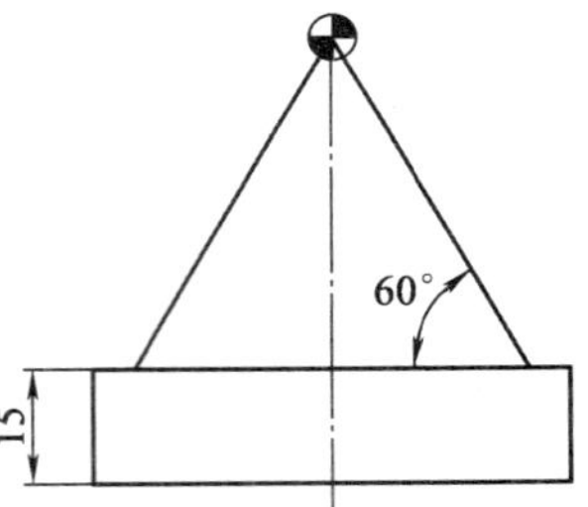

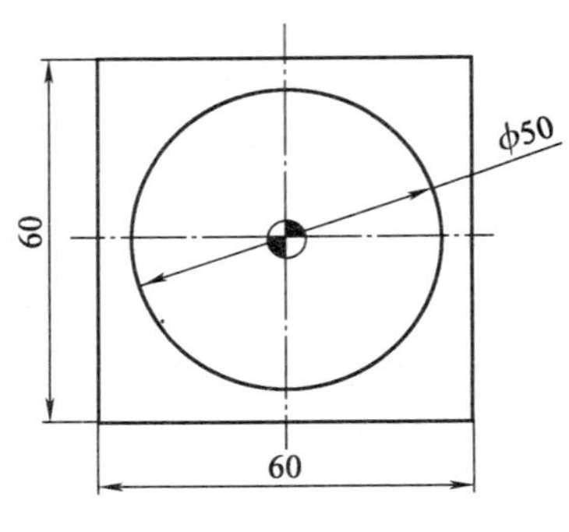

图 6－9

```
O11；
G98  G40  G80  G54  G90；
M03  S500；
G00  X0  Y0；
     Z2.0；
G01  Z0  F100；
M98  P22；
G00  Z50.0；
M05；
M30；
O22；
```

```
#105 = ________;
N100 ____ G00 X40.0 Y0;
#101 = #105 * TAN [________];
G01 Z - #105 F100;
G41 X#101 Y0 ________;
G02 X#101 Y0 I - #101;
#105 = #105 - 1.0;
IF [#105 ________ 0] GOTO 100;
M99;
```

六、编程题（满分 19 分）

加工如图 6 - 10 所示工件，已知毛坯尺寸为 120 mm × 100 mm × 30 mm，材料为 45 钢，试列出所用刀具，编写其数控铣削加工程序。

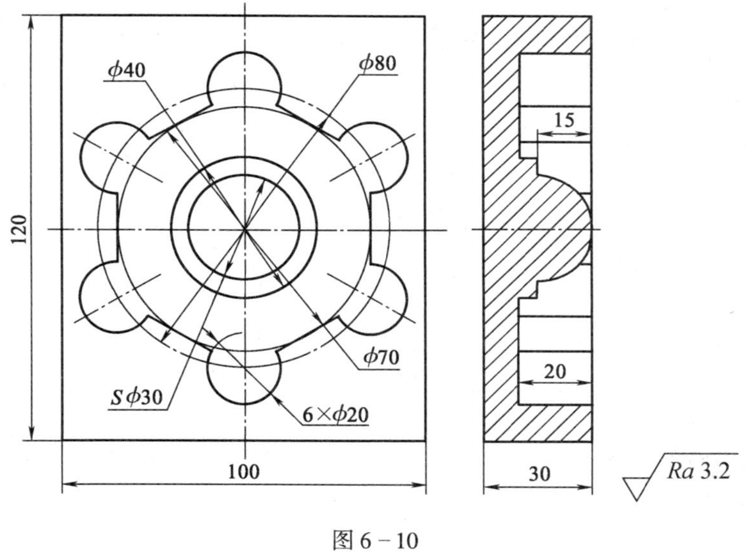

图 6 - 10

模块七　高级综合训练

注意事项

1. 请仔细阅读题目，按要求答题；保持卷面整洁。

2. 考试时间为 120 min。

题号	一	二	三	四	五	六	总分	审核人
分数								

一、填空题（将正确答案填写在横线上。每题 0.5 分，满分 15 分）

1. 测量基准是指工件在________________时所用的基准。

2. 普通机床的数控化改造大多采用________________控制系统。

3. 读写存储器英语缩写为________________。

4. 按照机床运动的轨迹分类，加工中心属于________________。

5. 数控机床由________________、________________和________________三大部分构成。

6. 机床坐标系采用________________________坐标系，拇指方向为________________轴的正方向，食指方向为________________轴的正方向，中指方向为________________轴的正方向。

7. 刀具半径补偿分为________________、________________和________________三个步骤。

8. 切削用量是________________、________________和________________三者的总称。

9. 指令“M98 P510;”表示____。

10. 机床夹具按其通用化程度可分为________________________、________________________、________________________和________________________等几种类型。

11. 刀具长度正补偿指令为________________，取消刀具长度补偿指令为________。

12. 精基准的选择原则有________________________、________________________、________________________和________________________。

13. 常用的对刀仪器有________________、________________和________________。

14. 车刀和镗刀的刀位点指________________________，钻头的刀位点指________________，立铣刀和端面铣刀的刀位点指________________________________，球头铣刀的刀位点指________________________________。

15. 掉电保护电路的作用是____。

16. 确定坐标系时，考虑刀具与工件之间的运动关系，采用________________

____。

17. 脉冲当量是指____
____。

18. 从理论上讲，闭环系统的精度取决于____________________的精度。

19. 尺寸链组成环中，由于该环减小而使封闭环增大的环称为________________。

20. 数字控制是________________________进行控制的一种方法。

21. CAPP 的含义是____，CIMS 的含义是____________________________________，FMS 的含义是________________________。

22. 数控机床的伺服系统由____________________和____________________两个部分组成。

23. 数控机床的核心装置是____________________。

24. 变量#149 属于____________________。

25. 刀具磨损过程分为三个阶段，它们是__________________、__________________和____________________。

26. FANUC 系统孔加工循环指令中的 *R* 点平面的值一般取________________。

27. “G17 G68 X ____ Y ____ R ____;”中的 R 表示____________________。

28. 数控机床精度检验主要包括机床的____________________、____________________和____________________。

29. 数控铣床精加工轮廓时应采用________________。

30. *XZ* 平面的选择指令为________________。

二、选择题（将正确答案的代号填写在括号内。每题 0.5 分，满分 24 分）

1. 对待职业和岗位，（　　）并不是爱岗敬业所要求的。
   A. 树立职业理想　　B. 干一行爱一行专一行
   C. 遵守企业的规章制度　　D. 一职定终身，不改行

2. 低合金工具钢多用于制造（　　）。
   A. 圆板牙　　B. 车刀
   C. 铣刀　　D. 高速切削刀具

3. 加工中心按照功能特征分类，可分为复合、（　　）和钻削加工中心。
   A. 刀库 + 主轴换刀　　B. 卧式
   C. 镗铣　　D. 三轴

4. 为了使机床达到热平衡状态必须使机床运转（　　）。
   A. 8 min 以内　　B. 15 min 以上
   C. 3 min 以内　　D. 10 min

5. 分析零件图样的视图时，根据视图布局，首先找出（　　）。
   A. 主视图　　B. 左视图
   C. 前视图和后视图　　D. 右视图

6. （　　）是由于采用了近似的加工运动或者近似的刀具轮廓而产生的。
   A. 原理误差　　B. 加工误差

C. 工艺误差　　D. 计算误差

7. 氮化处理的处理层厚度为（　　）μm。

A. 4～9　　B. 30～50

C. 6～8　　D. 11

8. 箱体类零件一般是指（　　）孔系，内部有一定型腔，在长、宽、高方向有一定比例的零件。

A. 至少具有 7 个　　B. 至多具有 1 个

C. 具有 1 个以上　　D. 至少具有 4 个

9. 在程序中使用变量，通过对变量进行赋值及处理使程序具有特殊功能，这种程序称为（　　）。

A. 宏程序　　B. 主程序

C. 子程序　　D. 小程序

10. 2.5 维编程是（　　）的加工编程方法。

A. 三坐标运动、二坐标联动　　B. 三坐标运动、三坐标联动

C. 二坐标运动、三坐标联动　　D. 二坐标运动、二坐标联动

11. 长 V 形架对圆柱定位，可限制工件的（　　）个自由度。

A. 2　　B. 3　　C. 4　　D. 5

12. 下列指令中，（　　）不能设定工件坐标系。

A. G56　　B. G92　　C. G58　　D. G52

13. 工件的一个或几个自由度被不同的定位元件重复限制的定位称为（　　）。

A. 完全定位　　B. 欠定位

C. 过定位　　D. 不完全定位

14. 程序段“G00 G01 G02 G03 X50.0 Y70.0 R30.0 F70;”最终执行（　　）指令。

A. G00　　B. G01　　C. G02　　D. G03

15. 在（50，50）坐标点，钻一个深 10 mm 的孔，Z 轴坐标零点位于工件表面上，则指令为（　　）。

A. G85 X50.0 Y50.0 Z－10.0 R0 F50

B. G81 X50.0 Y50.0 Z－10.0 R0 F50

C. G81 X50.0 Y50.0 Z－10.0 R5.0 F50

D. G83 X50.0 Y50.0 Z－10.0 R5.0 F50

16. 世界上第一台数控机床是（　　）年研制出来的。

A. 1945　　B. 1948　　C. 1952　　D. 1958

17. DNC 系统是指（　　）。

A. 自适应控制　　B. 计算机直接控制系统

C. 柔性制造系统　　D. 计算机数控系统

18. 为了保障人身安全，在正常情况下，电气设备的安全电压规定为（　　）V。

A. 42　　B. 12　　C. 24　　D. 36

19. FANUC 系统中，程序段“G51 P1500;”中的 P 指令是(　　)。

A. 子程序号　　B. 缩放比例

C. 暂停时间　　　　　　D. 循环参数

20. 运算指令中，形式#i = ASIN［#j］代表的含义是(　　)。

A. 分数　　　　　　B. 正弦

C. 余弦　　　　　　D. 反正弦

21. 在变量赋值方法中，引数（自变量）U 对应的变量是(　　)。

A. #21　　B. #20　　C. #23　　D. #24

22. 高速切削时应使用（　　）类刀柄。

A. BT40　　　　　　B. CAT40

C. JT40　　　　　　D. HSK63A

23. 在“#j LT #k”中“LT”表示（　　）。

A. ≥　　B. ≤　　C. ≠　　D. <

24. 下列变量中，属于公共变量的是（　　）。

A. #100　　B. #33　　C. #10　　D. #99

25. 在数控机床上铣一个正方形零件（外轮廓），如果使用的铣刀直径比原来小 1 mm，则加工后正方形的尺寸比原正方形的尺寸（　　）mm。

A. 小 1　　B. 小 0.5　　C. 大 2　　D. 大 0.5

26. 计算机数控系统用（　　）代号表示。

A. CAD　　B. CAM　　C. ATC　　D. CNC

27. 数控机床的旋转轴之一 B 轴是绕（　　）轴旋转的轴。

A. X　　B. Y　　C. Z　　D. W

28. 开环系统中，经常使用的伺服电动机是（　　）。

A. 直流伺服电动机　　　　　　B. 交流伺服电动机

C. 步进电动机　　　　　　D. 直线电动机

29. 下列刀具材料中，不适合高速切削的刀具材料是(　　)。

A. 高速钢　　　　　　B. 硬质合金

C. 涂层硬质合金　　　　　　D. 陶瓷

30. 一般情况下，(　　）的螺纹孔可在加工中心完成攻螺纹。

A. M55 以上　　　　　　B. M2 ~ M6

C. M40 左右　　　　　　D. M6 ~ M20

31. 封闭环的公差等于各组成环的（　　）。

A. 公差之差　　　　　　B. 公差之和

C. 公差一半　　　　　　D. 公差之积

32. “G17 G68 X ____ Y ____ R ____;”中的“R ____”表示（　　）。

A. 等比例缩放倍数　　　　　　B. 旋转角度

C. 旋转半径　　　　　　D. 旋转中心 Z 点坐标

33. 在运算指令中，形式#i = #j + #k 代表的含义是(　　)。

A. 求导数　　　　　　B. 求极限

C. 求和　　　　　　D. 求反余切

34. 在运算指令中，形式#i = FIX［#j］代表的含义是(　　)。

A. 保留小数点后面四位　　B. 上取整

C. 矩阵　　D. 取负数

35. 在变量赋值方法Ⅱ中，引数（自变量）E 对应的变量是(　　)。

A. #8　　B. #24　　C. #27　　D. #108

36. FANUC 0i 系统中，在程序编辑状态输入“O－9999”后按下“DELETE”键，则(　　)。

A. 删除当前显示的程序　　B. 不能删除程序

C. 删除存储器中所有程序　　D. 出现报警信息

37. 下列开关中，用于机床空运行的按钮是（　　）。

A. “SINGLE BLOCK”　　B. “MC LOCK”

C. “OPT STOP”　　D. “DRY RUN”

38. 宏程序的（　　）起到控制程序流向作用。

A. 控制指令　　B. 程序字

C. 运算指令　　D. 赋值

39. 数控编程时，应首先设定（　　）。

A. 机床原点　　B. 固定参考点

C. 机床坐标系　　D. 工件坐标系

40. G19 表示（　　）。

A. *XY* 平面　　B. *XZ* 平面

C. *YZ* 平面　　D. *XYZ* 平面

41. 加工中心精加工轮廓时，最好沿着轮廓（　　）进刀。

A. 法向　　B. 切向

C. 45°方向　　D. 任意方面

42. 粗基准用（　　）作为定位基准面。

A. 未加工表面　　B. 复杂表面

C. 切削用量小的表面　　D. 加工后的表面

43. “G94 G90 G00 X0 Y0；G01 X30 Y40 F100；”，当执行上述 G01 指令时，在 *X* 轴方向刀具的移动速度为（　　）mm/min。

A. 100　　B. 80

C. 60　　D. 40

44. 砂轮的硬度取决于（　　）。

A. 磨粒的硬度　　B. 黏合剂的粘接强度

C. 磨粒粒度　　D. 磨粒率

45. FANUC 系统中，程序段“G04 P1000；”中的 P 指令是(　　)。

A. 子程序号　　B. 缩放比例

C. 暂停时间　　D. 循环参数

46. 子程序调用指令“M98 P50010；”中 10 表示（　　）。

A. 无单独含义　　B. O10 子程序

C. 调用 10 次子程序　　D. 程序段位置

47. 如果子程序的返回程序段为“M99 P100;”则表示(　　)。

A. 调用子程序 O100 一次　　B. 返回子程序 N100 程序段

C. 返回主程序 N100 程序段　　D. 返回主程序 O100

48. (　　) 是编程人员在编程时使用的，由编程人员在工件上指定某一固定点为原点所建立的坐标系。

A. 工件坐标系　　B. 机床坐标系

C. 右手直角笛卡儿坐标系　　D. 标准坐标系

三、判断题（正确的打“√”，错误的打“×”。每题 0.5 分，满分 14 分）

1. B 类宏程序函数中的括号允许嵌套使用，但最多只允许嵌套 4 级。 (　　)
2. 变量包括大变量、混合变量和小变量三种。 (　　)
3. 数控机床适合加工多品种、小批量的产品。 (　　)
4. 数控机床的坐标系规定与普通机床相同，均是由左手笛卡儿坐标系确定的。 (　　)
5. 在加工中心的日检中，必须每天检查机床主轴润滑系统的油标。 (　　)
6. 刀具剧烈磨损阶段切削力会急剧上升。 (　　)
7. 开环伺服系统的精度要优于闭环伺服系统。 (　　)
8. 指令“G51.1 X10.0;”的镜像轴为过点（10.0，0）且平行于 Y 轴的直线。 (　　)
9. 在 FANUC 系统的刀具补偿模式下，一般不允许存在连续 3 段以上的非补偿平面内移动指令。 (　　)
10. GCr15SiMn 是轴承钢。 (　　)
11. 在任何情况下，程序段前加“/”符号的程序段都将被跳过执行。 (　　)
12. 对于长期封存的数控机床，最好不要每周通电一次。 (　　)
13. 封闭环基本尺寸等于各增环基本尺寸之和减去各减环基本尺寸之和。 (　　)
14. 将钢加热到发生相变的温度，保温一定时间，然后缓慢冷却到室温的热处理称为回火。 (　　)
15. 组合夹具由于是由各种元件组装而成的，因此可以多次重复使用。 (　　)
16. 加工中心的自动换刀装置由刀库和主轴组成。 (　　)
17. 基准不重合误差由前后设计基准不同而引起。 (　　)
18. 只有当工件被完全定位后，才能保证加工精度。 (　　)
19. 在程序的运行过程中，数控系统出现“软限位开关超程”报警，这属于系统错误报警。 (　　)
20. ISO 规定增量编程指令为 G91。 (　　)
21. 工件被夹紧后，其位置就不能再动了，即所有的自由度都被限制了。 (　　)
22. 开环伺服系统的主要特征是系统内没有位置检测装置。 (　　)
23. 当圆弧所对应的圆心角大于 180°时，半径编程中的 R 值取负值。 (　　)
24. G00 和 G01 的刀具运动轨迹一样，只是速度不一样。 (　　)
25. 数控机床开机后，必须先进行返回参考点操作。 (　　)
26. 球头铣刀的球半径通常小于加工曲面的曲率半径。 (　　)
27. G04 是模态代码。 (　　)

28. 铣床上用的分度头和各种机用虎钳都是通用夹具。 (　　)

四、简答题（每题 2 分，满分 12 分）

1. 什么是逐点比较插补法？一个插补循环包括哪几个节拍？

2. 在哪几种情况下机床必须回机床参考点？

3. 解释 M02、M30 的含义，并分析二者的区别。

4. 试说明 G02、G03 是如何判别的。

5. 孔的加工动作由哪几部分组成？

6. 什么是顺铣？什么是逆铣？顺铣和逆铣各有什么特点？

五、综合题（满分 10 分）

精铣如图 7－1 所示工件，已知毛坯尺寸为 80 mm×80 mm×23 mm，毛坯材料为 45 钢，*Z* 向工件原点建立在工件上表面，要求完成该零件轮廓线中两条正弦曲线的加工，加工深度为 8 mm（D01 =5.0，D02 = －5.0），其加工程序为 O11，试在不完整处添加内容。

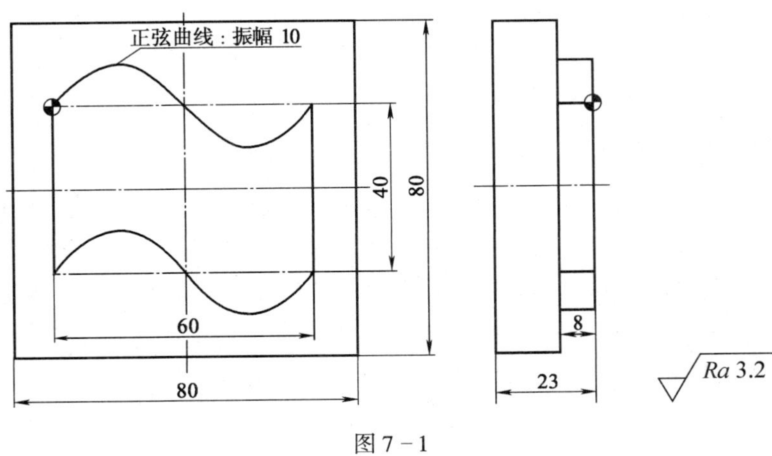

图 7－1

```
O11;
G98 G40 G80 G54 G90;
M03 S1000;
G00 X0 Y0;
      Z2.0;
#107 = -15.0;
#109 = -10.0;
#111 =75.0;
#113 =10.0;
#115 =1;
M98 P22;
G52 ________;
#115 =____;
M98 P22;
G00 Z50.0;
M05;
M30;
O22;
G00 X#107 Y#109;
G01 Z-8.0 F100;
#101 =0;
N100 #103 =__ * #101;
#105 =10 * SIN [_________];
G41 G01 X#101 Y#105 D#115;
#101 =#101 +1.0;
IF [#101 ____60] GOTO 100;
G40 G01 X#111 Y#113;
G00 Z2.0 F100;
M99;
```

六、编程题（满分 25 分）

加工如图 7-2 所示零件，已知毛坯尺寸为 90 mm×90 mm×22 mm，材料为 45 钢，试分析其数控铣削加工工艺过程并编写其数控铣加工程序，要求：（1）分析零件图样，确定加工难点；（2）选择加工方法；（3）确定装夹方案；（4）确定加工顺序及走刀路线；（5）选择刀具（编制零件数控加工刀具卡片）；（6）选择切削用量；（7）编制数控铣削加工工序卡片；（8）编写加工程序。

68±0.03
2×φ10H8
Ra 1.6
φ80 0 −0.03
R4
45°
φ60 0 −0.03
R6.5
68±0.03
16 0 −0.03
88 0 −0.03
□40 +0.03 0
R10
R10
88 0 −0.03
7 +0.05 0
A
0.05
//
A
Ra 1.6
6 +0.05 0
20±0.1
φ30 +0.03 0
40
60
40
70
Ra 3.2 (√)

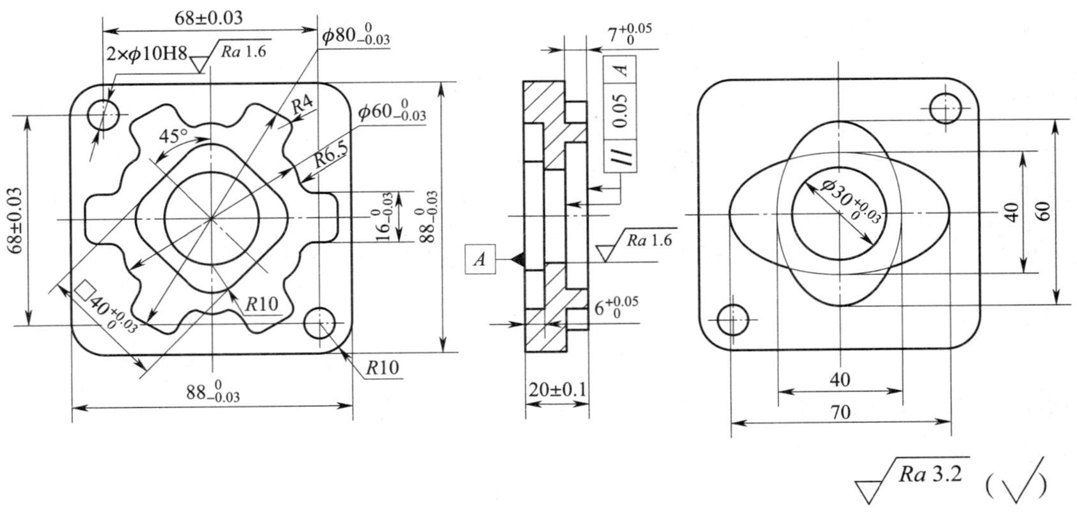

图 7－2